山东省自科基金项目

The Action Logic and Effect Evaluation of
Collaborative Governance of
Transboundary Water Pollution

于 红 ◎ 著

跨域水污染协同治理的
行动逻辑和效果评价

经济管理出版社
ECONOMY & MANAGEMENT PUBLISHING HOUSE

图书在版编目（CIP）数据

跨域水污染协同治理的行动逻辑和效果评价 / 于红
著. -- 北京 ：经济管理出版社，2025. 6. -- ISBN 978-
7-5243-0368-8

Ⅰ . X52

中国国家版本馆 CIP 数据核字第 2025CG8947 号

组稿编辑：赵天宇
责任编辑：赵天宇
责任印制：许　艳
责任校对：王淑卿

出版发行：经济管理出版社
　　　　　（北京市海淀区北蜂窝 8 号中雅大厦 A 座 11 层　100038）
网　　　址：www. E-mp. com. cn
电　　　话：（010）51915602
印　　　刷：唐山玺诚印务有限公司
经　　　销：新华书店
开　　　本：720mm×1000mm/16
印　　　张：13
字　　　数：193 千字
版　　　次：2025 年 6 月第 1 版　　 2025 年 6 月第 1 次印刷
书　　　号：ISBN 978-7-5243-0368-8
定　　　价：88. 00 元

目　录

第一章 绪论

第一节 研究背景与研究意义

一、研究背景

(一) 跨域水污染问题属地治理遇瓶颈

根据《2020 年联合国世界水发展报告：水与气候变化》，水安全在今后几十年内将成为全球持续存在的深刻危机之一。世界各国均在不遗余力地解决或缓解水污染这一治理难题。早在 2015 年，联合国可持续发展峰会通过《改变我们的世界：2030 年可持续发展议程》，将"清洁饮用水与环境卫生"列为第 6 项可持续发展目标。对于我国而言，众多的河流湖泊和丰富的水资源为社会经济发展提供了重要的战略依托和基础保障。1978～2017 年我国经济绝对总量实现大幅度的持续提升，国内生产总值以不变价计平均每年增长9.5%，远远高于世界经济在同一时期内约2.9%的平均年增长率[1]；2021 年国内生产总值 1143670 亿元，比上年增长 8.1%。然而，水环境污染问题伴随经济高速增长日益凸显。

跨流域、跨行政区域水污染就是水环境领域中较为突出的问题。据生态环境部数据显示，在 2013~2019 年，全国重点湖泊（水库）有 1/3 以上承受水质轻度污染至重度污染不等的生态压力；流域有 1/5 以上水质劣于第Ⅲ类水标准（见图 1-1）。2020 年七大流域和浙闽片河流、西北诸河、西南诸河主要河流监测的 1614 个水质断面中，Ⅳ类、Ⅴ类和劣Ⅴ类水质占比达到了 12.5%，其中，松花江流域黑龙江水系、淮河流域山东半岛独流入海河流、海河流域以及辽河流域均为轻度污染。

屡见舆论媒体报端的流域跨界污染纠纷也是跨域水污染严峻形势的缩影。从波及区域范围来看，跨省界污染纠纷层出不穷，由于跨界污染而引发的争议在省以下行政区域更多。跨域水污染问题的背后，反映了涉水管理体制存在的实际困难。根据《中华人民共和国环境保护法》（以下简称《环境保护法》）的规定，地方各级人民政府对本行政区域内环境质量负责。然而，这一责任体系难以对跨域水污染治理形成有效约束。各行政区在环境管理属地原则下形成相对独立的利益主体和行政区域利益目标，实质上破坏了水域环境的整体性和流动性。在涉及跨域污染时，极易出现地方政府及地方保护主义的干预，以及对跨界、跨流域治理的被动[2]。面对我国水污染防治中显著的跨界流域污染和水环境复合型污染[3]，属地化管理方式变得捉襟见肘，已不能满足现代跨域污染治理的现实需求。跨域水污染问题对资源环境有效配置、地区经济可持续发展及社会稳定等问题提出严峻挑战。

（二）协同治理成为破解跨域水污染难题的客观选择

从本质上分析，跨域水污染属于典型的负外部性，兼具空间转移特征，是发生在两个及以上互不具有行政管辖权的区域，一区域施加给其他区域的污染行为[4]。在负外部性影响下，污染空间跨越不同行政区划，超越单一行政区能力范围，由此构成污染治理难点。矫正污染转移负外部性成为跨域水污染治理的关键，这需要综合考虑污染源特性以及多个行政区地方政府在治

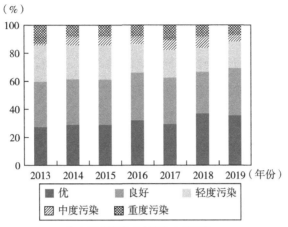

（a）重点湖泊（水库）水质变化

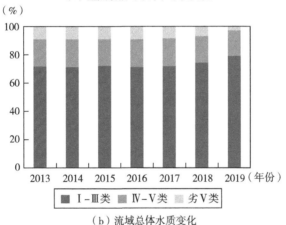

（b）流域总体水质变化

图 1-1 2013~2019 年全国重点湖泊（水库）/流域总体水质变化

资料来源：笔者根据历年《中国环境年鉴》《中国环境状况公报》《中国生态环境状况公报》绘制。

污认知及行动等方面的统一协同性。

协同治理是实现跨域水污染转化为"绿水"价值的重要机制。地方政府是协同治理中跨行政区域的强制力，其在跨域水资源共同利益基础上进行协商、协同和合作，并确保和引导社会多层次利益主体共同参与合作[5]。协同治理理念在我国流域管理方面初具雏形，典型如中央环保局先后建立六大区域督查中心（后更名为区域督察局），组建七大流域（海域）生态环境监管局，负责跨省、跨流域污染协调问题。2014年，"跨行政区域的重点区域、流域环境污染和生态破坏联合防治协调机制"写入《环境保护法》。2016年9月，《长江经济带发展规划纲要》印发，把完善长江生态环境保护作为重中之重。2019年9月18日，习近平总书记在黄河流域生态保护和高质量发展座谈会上的讲话中明确指出，健全流域管理体系和跨区域管理协调机制。《中华人民共和国国民经济和社会发展第十四个五年规划和2035年远景目标纲要》中明确提出要健全水污染防治流域协调机制，强化对重点流域、重点湖泊、城市水体及近岸海域的综合治理。2022年的《政府工作报告》再次强调，强化大气多污染物协同控制和区域协同治理，加大重要河湖、海湾污染整治力度，为加强水生态环境的协同治理提供重要遵循。上述材料阐述表明，现阶段跨域水污染协同治理行动紧迫性上升，共建协同治理已凝聚更多共识。

（三）跨域水污染协同治理机制亟待进一步完善

在地方政府层面，跨域水污染协同治理的实践也以各种形式相继展开。河长制当数典型案例。2008年8月，无锡市针对太湖流域严重的污染问题，创造性地推出了河长制。随后2016年中共中央办公厅 国务院办公厅印发《关于全面推行河长制的意见》中明确要求，在2018年底全面建立河长制，这一目标任务提前半年实现，河长制亦由地方政府的制度创新提升为全国性的水环境治理方略。在局部区域范围内，部分地方也进行了协同治污的有益探索。京津冀水污染协同治理的典型案例有：2014年《京津冀水污染突发事件联防联控机制合作协议》的签订，建立了水污染应急联动机制；2015年京津冀地区生态环境执法联动工作机制正式建立，深化京津冀地区水污染防治联合执法；2016年京津冀及其周边地区水污染防治协作小组的组建，一系列水污染防治实施方案、工作方案相继印发。再如，从2016年起，长江经济带辖省（市）间就跨区域水污染治理问题进行了不同程度的磋商与合作。长三角区域亦是如此，业已组建长三角区域水污染防治协作小组及协作机制，并专项印发相关工作章程等。在区域协同治污的实践中，河长制皆发挥着不同程度的积极作用。

然而，在地方实践背后，我们也应清醒地看到跨域水污染协同治理依然存在诸多合作困境。以京津冀地区水污染协同治理为例，没有形成包括协调、监测、评价职能在内的综合性管理机构，制度稳定性不足，管理呈"碎片化"状态；三地执法标准不统一、水污染排放标准也不统一；水污染防治信息共享机制不完善，断面的水质水量、雨情等常规监测信息未实现信息共享[6]。长江经济带跨域水污染治理合作仍存在因经济发展目标、利益诉求、法治约束和监督执行等差异所导致的制约瓶颈。生态环境部环境规划院董战峰等[7] 亦表示，部门间、层级间环保责任的进一步明晰，以及流域监管局、环境督查局、地方执法之间分工与协调联动的进一步完善等问题构成"十四五"生态环境政策改革面临的挑战之一。这意味着跨域水污染协同治理机制仍需改进。如何提高跨域水污染协同治理水平，保证各方协同长效化是亟待解决的问题。

综上所述，行政区划的属地治理方式与水资源地理整体性、生态系统性的矛盾日渐突出，愈难满足跨域水污染治理效用外溢性的要求。推进跨域水污染协同治理成为新时代开展跨域水资源生态保护，切实提高环境治理成效的必然选择。而政府参与跨域水污染协同治理的行为逻辑如何表述，协同治污何以可能、如何可行，跨域水污染协同治理的效果如何评价，以及由此衍生出的跨域水污染协同治理的政策优化和制度创新保障等，正是本书试图回答的核心问题。

二、研究意义

（一）理论意义

第一，提出跨域水污染协同治理的基本理论，充实并深化跨域生态环境治理理论体系。在内涵把握的基础上，参照公共物品理论、集体行动理论、博弈论和协同治理理论，将 SFIC 分析模型、协同治理综合框架、"结构—过程"模型等与我国水资源治理实况相结合，基于"物品属性—治理主体—治理依据—

治理效果"的构建思路，从准公共物品属性、政策安排、效果评价等模块揭示协同治理的基本动因、治理主体、治理依据和治理效果。勾勒跨域水污染协同治理的基本理论，不仅为实践中复杂的跨域水污染协同治理研究提供一定的理论支撑，而且这一理论还可较好地应用于空气等领域治理，丰富和深化跨域生态环境协同治理领域的理论体系和研究方法。

第二，探索并检验跨域水污染协同治理的效果及影响机制，丰富环境政策评估效果研究内容。以河长制作为跨域水污染协同治理一个切入口，将七大流域河长制的推行视为准自然实验，基于七大流域水质监测数据，运用三重差分法考察河长制对河流边界污染治理的总体作用、动态效应、作用机理、异质性影响以及经济效应等。有别于已有文献考察河长制对辖区水质影响效果的多数研究，将河长制与河流边界污染治理相结合，探讨协同治理对跨域水资源边界污染治理行为的影响，从政府行为视角探求边界污染难题的解决方案，拓展环境政策评估的研究视角和研究内容。

（二）现实意义

第一，有助于揭示跨域水污染协同治理动力源流，为涉水区域协同治理增添合作动力。跨行政区域水污染治理既是环境保护的重要形态，亦是环境保护的难点。面对跨域污染治理收益的整体性、未来性，地方政府主体实际发生的决策选择多是难以形成强烈的保护动机、难以产生强烈的协同治理愿望。而跨域水污染协同治理需要强大的动机驱动力，动力机制是实现协同治理过程、有效解决跨行政区域水污染问题的必要支撑和重要基础。本书从边界污染现实存在性和属地治理模式局限性两维度探讨跨域水污染协同治理的动因。一方面，分析地方政府跨域水污染治理的激励和约束条件，从地方政府策略性减排动机及行为视角，结合七大流域水质监测站数据，实证检验边界污染的存在性。另一方面，基于微分博弈方法比较地方政府在属地独立治污和协同治污两种决策情形下双方反馈的纳什均衡策略及其环境、社会福利情况。将现实污染问题和完成治理模式结合得出跨域水污染地方协同治理的动因，为培养地方政府水环境共同体意识，增强涉水区域内各地协同治理环境的动机提供实践参考。

第二，通过刻画跨域水污染协同治理的一般化运作模式，有助于揭示地方协同治理的微观过程。长久以来，跨行政区域水污染问题一直是困扰地方政府治理的难题，跨流域、跨区域水环境污染治理经常成为水生态环境治理和保护的"断点""堵点"。在从单纯的合作意愿到实现协同治理效果的跨越过程中，协同治理主体和过程的有机组合成为关键。本书探讨跨域水污染协同治理的政策实施，并以河长制为例分析其组织架构和治理过程，回答跨域水污染协同治理在中国环境治理语境下的协同全景，以及具体的协同结构和运行机制。同时立足四川省沱江流域河长制的现实情境，呈现跨域水污染协同治理的实况，打开地方政府协同治理过程的"黑箱"，探讨地方政府协同治理中"合作"是如何被组织的，为实现地方政府之间真正的协同治理提供参考依据。

第二节　相关内涵把握

对概念内涵做出清晰的形态界定，既能够较为准确地确定研究边界，同时为后续研究提供理论逻辑起点。本书研究对象包括"跨域""水污染""协同治理"等，最终构成"跨域水污染协同治理"概念。

一、跨域水污染

根据《环境科学大辞典》，水污染也称水体污染，是指未经过处理的工业废水、生活污水、农业回流水等废弃物直接或者间接地排放到江河湖海中，超出了水体自净能力而导致地表水及地下水质量下降，使水体使用价值及使用功能下降[8]。依据《水文基本术语和符号标准》，水污染是指因人为因素或者天然因素导致污染物进入水体造成水质下降，致使水失去使用价值或者失去正常功能[9]。这两种定义较为详细地介绍了水污染的成因内容，反映出人类活动对水污染的影响。依据《中华人民共和国水污染防治法》①，水污染是水体中由于某种物质的参与，使水体的化学、物理、生物或放射性特性发生了变化，影响了水的有效使用，损害了人体健康或破坏了生态环境，使水质恶化[10]。该解释进一步包括了水污染对人的影响，揭示了人在水污染中所起的核心作用，有助于我们全面深入地理解人与水污染的双向影响关系。

一般而言，具有流动介质的物体污染都可能产生跨域问题。水污染就属于其中一例。跨域一词常用，但并无相应准确的词义界定，仅有部分相关解释可作参考。何为域？《辞海》（第七版）"域"字释义为：邦国、封邑；区域、地区；疆界、境地；划分居民区域；墓地；抽象代数学的重要概念[11]。《现代汉语词典》中将"域"解释为在一定疆界内的地方或泛指某种范围[12]。"跨"则引申为对界限的超越，如数量、时间、地区等；附在旁边的等[13]。本书界定的"跨域"是指跨越行政区域，超越单一行政区划范围。在我国，行政区划就是国家为了建立各级政权机关和实现国家管理所划定的各种地区，地方政府对所辖区域生态环境问题负总责。但是，生态环境作为一个完整的系统是不以行政区划范围划分的。水资源亦是如此，跨域水污染不仅涉及污染在地理空间的分布，还涉及不同行政区划的水环境管理和水污染防治权责分配问题，成为水污染治理的难点和重点问题，这也是本书为何从跨域即跨行政区的角度研究水污染治理的重要原因。

与跨域污染概念相近的还有跨界污染、越界污染等。就涉及范围来看，越界污染的外延相对较大，涉及国家、省或其他行政辖区政治管理边界[14]。

---

① 以下简称《水污染防治法》，《水污染防治法》最早于1984年通过实施，并于1996年、2008年、2017年分别历经第一次修正、修订、第二次修正。

跨界污染问题涉及污染物释放和迁移的行政辖区以及水、空气等介质[15]。本书所定义的跨域水污染是指在陆域而非海域范围，由各种自然因素或者人为因素引起的，在一国范围内超越某一个地区范围，波及多个行政区划的范围而发生的，并对这些区域的水质、人体健康、生态环境等造成威胁和损害的现象。海域污染、海洋污染暂不在本书界定的研究内容范畴。

二、协同治理

由于研究场域与环境的不同，国内外学者在协同治理概念的理解上存在着分歧。国外学者一般将协同治理（Collaborative Governance）与上位概念——治理相联系，进而定义协同治理。在治理概念中，比较有代表性、比较权威的界定就是全球治理委员会。该委员会认为治理就是各种公共或私人个人及机构对共同事务进行管理的多种途径的总和；是一个使互相矛盾或不同利益之间进行调和并采取联合行动的连续过程；既有有权强迫人们遵守的正式制度与规则，又有经过各种人同意或者被认为符合自身利益的非正式制度安排[16]。这一界定由之喻示了协调公共部门和私人部门的政策思想。就国外协同治理最为广泛、引用频率最高的概念来说，Ansell 和 Gash[17] 对协同治理的界定是指一个或者多个公共机构与非政府利益相关者共同参与到正式的，以共识为导向的，谨慎的集体决策进程中，以达到制定或者实施公共政策、管理公共项目与财产的制度安排。该定义界定了公共机构的具体作用，强调了五个关键标准，即公共机构或公共机构启动；与会者（包括非政府行为者）；与会者直接参与决策、正式组织和集体会议；目的在于通过协商一致做出决定；将合作集中于公共政策或公共管理。Emerson 等[18] 在继承属类重点思想的基础上，将协同治理定义为公共政策决策和管理的过程和结构，它通过建设性地让人跨越公共机构，政府层级以及或者公共、私人以及公民领域来达到其他不可能达到的公共目的。由此可见，这两种界定主要的分歧点很大程度上在于协同治理的参与主体。Emerson 等的定义没有把协同治理限于由国家启动的正式安排和政府与非政府利益攸关方之间的参与；它可能包括多伙伴治理、社区协同、影响参与式治理和公民参与。

对于协同治理这一概念，国内学者有"协同+治理"与"协同治理"两种思维方式。第一，在协同学语境中基于协同释义嵌入治理内核构建协同治理（Synergy Governance；Synergetic Governance）之概念，阐释路径归纳为"协同理论+治理理论"。协同学较早由德国物理学家赫尔曼·哈肯[19]开创，它是为大量性质截然不同的子系统间的协作而设计的，探寻无序—有序、有序—更有序转变的一般原理。不少学者基于协同学理论和治理理论定义协同治理，典型如何水[20]将协同治理理解为社会多元要素合作治理公共事务，并指出这一过程需要网络与信息技术支持，需要政府、企业、公民等相互协调；肖文涛和郑巧[21]认为，协同治理是指政府、非政府组织、企业及公民个人以保护和促进公共利益为目标，彼此协调，共同发挥作用。基于协同学的协同治理概念在国内学者的研究中较为常见[22]。第二，试图把国际协同治理概念的表述介绍给中国，或试图对中国协同治理概念进行国际比较和概括，这就是"协同治理"的解释方式。例如，田培杰[23]通过对西方语境下协同治理概念的由来和内涵进行梳理和比较，指出协同治理是指为了解决共同的社会问题而进行的政府和企业、社会组织和公民之间相互作用、进行决策和承担责任的过程；张贤明和田玉麒[24]在汇总梳理国内外学者对协同治理概念理解的基础上，将协同治理内涵归纳为政策制定过程、构建良善关系和善治实现方式。"协同治理"路径下的概念解释在一定程度上吸纳了国际表达层面上的合作、协商等概念。

从国内外学者对协同治理的概念界定来看，不管是治理源流的协同治理，还是协同源流的协同治理，两者实质上都具有内在耦合性。治理源流层面协同治理所强调的治理主体多元性、目的公共性、过程互动性等与协同源流内含的治理权威多样性、维护和增进公共利益、系统机制性等殊途同归，同时这也是协同治理概念所达成的主要特征共识。本书将协同治理理解为多元主体共同治理公共事务的动态过程。从构成主体来看，协同治理既可发生于政府与非政府组织之间，也可发生于同一组织内部，如政府间的协同；从持续时间来看，协同治理既可是短期行为也可是长期行为；从地理区间来看，公共事务的性质决定协同治理的具体覆盖范围[25]。

三、跨域水污染协同治理

当分析特定领域具体公共事务协同治理问题时，现有的研究通常使用"研究领域+协同治理"的语言结构，诸如服务型政府协同治理、社会协同治理、公共危机协同治理等。大到政府治理、乡村治理，小到共享单车治理，协同治理似乎成为解决各种问题的灵丹妙药。正如本书研究的跨域水污染协同治理，跨域水污染作为定语描述了公共事务的具体内容，是指运用协同治理理论分析和解释跨域水污染事务，关注的不是防洪抗旱和治污技术等自然科学方面的治理技术问题，而是以协同治理理论和实践为基础，从公共服务供给的视角研究政府如何供给优质水生态环境问题。

政府对协同治理来说是至关重要的。从根本上说，这是由协同治理的性质所决定的。根据本节对协同治理内涵的把握，从参与主体来看，无论政府、企业、社会如何排列组合，协同治理强调政府的发起者身份，注重政府对协同过程的管理责任。从我国污染治理现实来看，政府作为跨域水污染协同治理的主体力量，在有效推进治理过程并消解水危机上发挥着核心作用。因此，将政府作为跨域水污染协同治理的考察主体就成为实践的必然选择。学者将跨域水污染协同治理理解为发生在跨行政边界和不相属地方政府之间的各种水污染，为保证对共同水污染进行有效管理，实现各区域和总体损害最小化的目标，地方政府之间在理念认知、治理行动等方面进行统一和协调的过程。

第三节　研究内容与研究方法

一、研究内容

本书以跨域水污染协同治理的行动逻辑和效果评价为主题，按照"研究问题界定—理论逻辑筑基—行动逻辑刻画—治理效果评价—制度创新保障"的思路，从五部分展开研究：一是基于实践背景和文献梳理提出研究问题；二是在阐述理论依据后进行理论逻辑分析；三是阐明跨域水污染协同治理的行动逻辑：从现实问题和治理模式分析协同治理动因，从政策实施分析协同治理主体和治理依据；四是评价跨域水污染协同治理的效果；五是在归纳总结研究结论的基础上探寻政策优化和制度保障，并展望下一步研究方向。为充分阐释上述研究内容，本书共由八章组成，研究内容的逻辑关系以及各章的具体安排如下：

（一）界定研究问题

作为本书的开端，试图通过实践背景与文献综述两维度的总结提炼出研究问题。第一章和第二章构成研究问题界定的主要内容。

第一章为绪论。在简要介绍跨域水污染问题形势与属地治理模式、协同治理成为破解跨域水污染难题的客观选择、跨域水污染协同治理机制需进一步完善等背景基础上，提出本书所要研究的具体问题并阐述研究意义。同时对研究内容和方法进行阐述，并总结本书的创新点和研究中存在的不足之处。

第二章为文献综述。系统回顾国内外相关研究进展，遵循先述后评的脉络，分别对政府环境治理事权、协同治理模型、跨域水污染协同治理等内容进行概括、梳理和评议。一方面总结已有研究的贡献并指出不足之处，另一方面引出本书跨域水污染协同治理的行动逻辑和效果评价的研究方向。

（二）分析跨域水污染协同治理的理论逻辑

理论逻辑筑基部分通过分析跨域水污染协同治理的基本理论，以此作为整个研究的理论根基。第三章构成理论逻辑筑基的主要内容。

第三章为跨域水污染协同治理的理论逻辑。参照公共物品理论、集体行动理论、博弈论和协同治理理论，分析该理论在跨域水污染治理实践中的适用性和契合性。借鉴已有协同治理分析框架研究成果，结合我国水资源治理实况，基于"物品属性—治理主体—治理依据—治理效果"的逻辑思路，从准公共物品属性—政策实施—效果评价等模块揭示协同治理的基本动因、治理主体及治理依据、治理效果，描述我国跨域水污染协同治理的一般化运作模式，刻画协同治理在我国跨域水污染治理实践运行过程中的现实印象，为实践中复杂的跨域水污染协同治理研究提供一定的理论支撑。

（三）刻画跨域水污染协同治理的行动逻辑

行动逻辑刻画部分主要对应理论框架中准公共物品属性、政策实施等内容，即"为何协同""如何协同"。第四章、第五章、第六章构成行动逻辑刻画的主要内容。

第四章为跨域水污染协同治理的现实动因：基于边界污染的存在性。从边界污染治理的现实需要方面分析跨域水污染协同治理的现实动因。具体研究是结合七大流域水质监测站数据，综合运用系统广义矩、倾向得分匹配等估计方法，实证检验边界污染的存在性，并进一步挖掘地方战略性减排性行为的影响效应及作用路径。

第五章为跨域水污染协同治理的实践动因：基于属地治理模式局限。从属地治理模式的局限性方面分析跨域水污染协同治理的实践动因。具体包括：首先，从演化博弈的视角分析属地治理模式下地方政府在跨域水污染治理中的行为演化路径和稳定策略；其次，采用微分博弈方法，讨论跨域水污染所涉及的地方政府主体在属地独立治污和协同治污两种决策情形下双方反馈的纳什均衡策略及其变动情况。

第六章为跨域水污染协同治理的政策实施。梳理我国跨域水污染协同治理的政策演进。同时以河长制为例，从政策变迁和实施情况两维度详细剖析其实践运作机制，以此作为分析跨域水污染协同治理的政策实施的一个切入口。并立足四川省沱江流域河长制的现实情境，呈现跨域水污染协同治理的实况，进一步丰富协同治理以及河长制等相关研究内容。

基于以上三个方面的行动逻辑研究，本书试图解决以下三个问题：其一，跨域水污染协同治理的现实问题动因是什么？我国跨域水污染的边界效应是否存在？其二，从实践中污染治理模式来看，相较于属地独立治污，地方政府参与跨域水污染协同治理行动的动因是什么？其三，跨域水污染协同治理在我国的环境治理语境下究竟是如何协同的？具体的协同结构和治理过程怎样？

（四）评价跨域水污染协同治理的效果

本部分主要对应理论框架中效果评价内容。第七章构成治理效果评价的主要内容。

第七章为跨域水污染协同治理的效果评价：以河长制为例。将七大流域河长制的推行作为准自然实验，基于七大流域水质监测数据，运用差分模型考察河长制对河流边界污染治理的总体作用、动态效应、影响机制、异质性影响和经济效应等，以此作为跨域水污染治理效果评价的重要参考。

本部分试图回答：跨域水污染协同治理的效果如何？河长制能否有效改善跨域水污染的边界效应问题？回应地方政府参与协同治理的动因。

（五）探寻跨域水污染协同治理的制度保障

本部分重点在于探寻跨域水污染协同治理的制度保障。第八章构成制度创新保障的主要内容。

第八章为研究结论、政策建议与研究展望。在总结主要结论的基础上，探寻跨域水污染协同治理的政策优化与制度保障；最后，展望下一步研究的方向。

　　基于本节内容表述，绘制本书研究的逻辑关系及技术路线如图 1-2 所示。

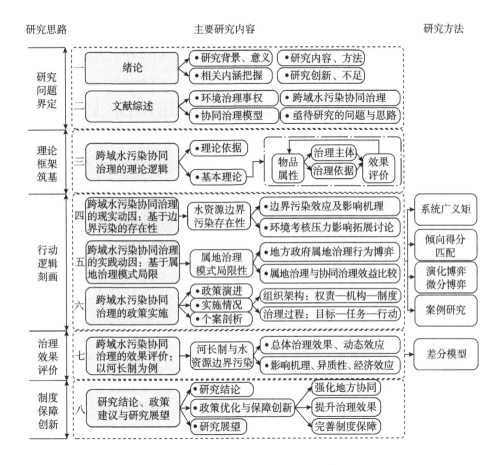

图 1-2　本书研究的逻辑关系及技术路线

资料来源：笔者绘制。

二、研究方法

　　本书采用系统广义矩（SYS-GMM）、倾向得分匹配、演化博弈方法、微分博弈方法、案例研究方法、三重差分法（DDD）等探究跨域水污染协同治理的行动逻辑和效果评价。

（一）系统广义矩

系统广义矩由包含变量水平值的原始估计方程与一阶差分后的方程同时估计而成，它在动态面板数据模型中有很强的工具变量特性。在本书跨域水污染边界效应检验模型中包含因变量的一阶滞后项，采用 OLS 或固定效应估计方法可能存在结果有偏问题。因此，本书选用系统广义矩估计判断我国跨域水污染治理中边界污染的存在性以及地方战略性减排性行为的影响效应。

（二）倾向得分匹配

倾向得分匹配的基本思路是为处理组个体寻找与其可测变量取值相似甚至相同的控制组个体，进而比较两组结果均值，得到平均处理效应。该方法能够有效解决由于自选择导致的偏差问题。本书采用倾向得分匹配，一是估计跨域水污染边界效应，二是对河长制实施的处理组进行样本单位匹配以处理选择偏误问题。

（三）演化博弈方法

与生物进化的基本原理相通，演化博弈方法认为人并非完全理性的博弈方，不同博弈方之间均衡结果的出现需要经历不断试错的过程。对于地方政府跨域水污染治理而言，地方政府并非完全理性的博弈个体，加之信息不对称等因素，地方政府治污决策类似于试探性的学习过程，彼此之间需要经过多次博弈才能达成均衡状态。本书运用演化博弈方法，分析属地治理模式下地方政府在跨域水污染治理中的行为演化路径和稳定策略。

（四）微分博弈方法

微分博弈方法就是考虑到时间的连续性，参与者不断地博弈以最优化其独立和相互冲突的目的，最后得到各个主体随着时间的推移而演化的策略和纳什均衡。对于跨域水污染治理问题而言，微分博弈能考虑到地方政府治污策略随河流水污染变化的调整。本书运用微分博弈方法，讨论跨域水污染所涉及的地方政府主体在属地独立治污和协同治污两种决策情形下双方反馈的纳什均衡策略及其变动情况。

（五）案例研究方法

本书运用案例研究方法为跨域水污染协同治理过程提供贴合现实状况的典型案例支持，具体是立足四川省沱江流域河长制的现实情境，呈现跨域水污染协同治理的实况。

（六）三重差分法

三重差分是对双重差分（DID）的变形，除控制时间效应与组别效应外，又新增了一套差异来源。双重差分法和三重差分法皆是用于政策评估的常见方法，其基本原则都是将实验组（受到政策影响）与对照组（不受政策影响）的结果进行比较，从而完成对政策效果的评估。本书选用三重差分法评估河长制对地方政府河流边界污染治理行为的影响。

第四节　创新之处与研究不足

一、创新之处

一是基于政府策略性减排行为视角考察验证跨域水污染边界效应的存在性，进一步丰富边界污染的相关研究。跨域水污染协同治理的现实动因分析表明，省级政府差别化省域边界与省域内部的环境规制强度，在七大流域河流污染治理中存在"以邻为壑"现象，相对于省域内部，省域边界河流污染更为严重。跨域水污染边界效应及成因的发现不仅丰富了边界污染的相关研究，也为跨域水污染治理研究提供了思路。

二是运用微分博弈模型比较不同模式下地方政府跨域水污染治理效益，推进和深化协同治污决策的研究。非对称区域水污染治理微分博弈发现，在考虑水污染容量动态变量的条件下，无论相对发达地区还是相对欠发达地区，相较于属地独立治污，协同治理模式下地方政府的环境和经济效益均是最优的。跨域水污染治理的效益比较为进一步阐明政府协同治理动因提供模型解释支撑，对于促进涉水多个区域间水污染协同治理具有普遍的适用性，为区域协同治污策略选择提供一定的决策参考。

三是明确河长制对边界水污染治理的影响效果，提出解决边界污染问题的新思路。跨域水污染协同治理效果评价发现，河长制能够有效改变地方策略性减排治污行为，显著改善边界水污染问题，实现"以邻为壑"到"守望相助"的转变，但这一治理效果没有表现出较好的可持续性，表明地方政府在治污与经济政绩考核之间策略性选择行为。因此，在提供河长制有效解决边界污染经验证据的同时，启示未来要把污染治理的长期效果纳入评价范畴，作为评判河长推动高质量发展政绩的重要标准之一。

二、研究不足

本书选取河长制作为跨域水污染协同治理的典型代表，然而通过公开渠道整理的水质原始数据有限，普遍存在样本期间偏短、数据细化及规范程度不够等问题，这也导致本书效果评价部分在变量选取和样本选择等方面存在一定程度的不足，需要未来进一步完善和提升。具体而言：

在研究对象方面。本书以河长制为典型代表，分析其实践运行过程和治理效果，这是对跨域水污染协同治理的一个精简替代。虽然实施河长制被认为是最综合、最有影响力的活动，以此为例可以窥得我国跨域水污染政府协同实况，但由河长制归纳的研究结论可能无法全面揭示水污染协同治理现实，存在遗漏部分现实困境问题。此外，效果评价部分核心变量主要是根据河长制是否推行设置虚拟变量。由于现阶段各地河长制具体实施的相关政策文件多数属于部门内部资料，对外公开数量较少、内容规范性和可比性有待改善，暂时无法准确测度地方政府执行水污染治理的协同程度。河长制实施变量的衡量方式需要进一步拓展。

在数据样本方面。现阶段与河流水质相关的数据主要源自中国环境监测总站的《水质自动监测周报》（更新至 2018 年）、《中国环境年鉴》的国控断面水质监测指标（更新至 2010 年）。前者是本书主要的研究样本，相较而言，样本量和样本期在现有河流水质数据中较为齐全，但可能存在水质监测站点未能覆盖全面空间的问题。此外，与企业水污染相关的数据多源自中国工业企业环境统计数据库（更新至 2013 年），样本期偏短，暂时无法与宏观监测站点水质数据样本期构成有效关联与对比。企业层面环境数据的缺失对从污染源治理视角探讨跨域水污染协同治理效果这一内容产生一定限制，无法进行治污效果在污染源头与水质结果不同层面之间的相互印证。

第二章 文献综述

本书分别以跨域水污染（Trans - boundary Water Pollution）、协同治理（Collaborative Governance）等作为主题或关键词与跨域水污染协同治理相关研究；将检索内容进一步划分为相互联系且具有递进关系的三个方面，即环境治理事权、协同治理模型、跨域水污染协同治理。本章对上述三个方面研究内容进行重点论述。

第一节 环境治理事权的相关研究

在生态环境治理尤其是跨域污染治理过程中，必须厘清的重要问题是：如何对中央与地方在环境治理上的关系进行合理定位，对二者在环境治理上的矛盾进行合理协调。这类问题直接关系到环境治理效果。

一、环境治理事权的理论之争

从经济学视角分析，生态环境及其管理作为一种典型的公共物品被认为是政府基本职能之一。但在现实中由于存在着不同层级的政府，问题由此产

生，哪一层级提供环境治理更有效率，如何在中央与地方之间合理划分环境
治理事权？这都是环境联邦主义理论讨论的重点，即一国的环境治理应该是
集权还是分权。

环境集权的拥护者强调，制定并执行联邦法律能够在一定程度上提升环
境治理绩效，如果没有中央政府的强有力制约，环境治理分权常常会因地方
政府之间经济增长的竞争而导致环境规制的竞次，并最终造成环境退化。典
型代表人物如 Stewart[26] 指出，环境治理集权有利于解决公地悲剧问题并获
取全国性的规模经济收益，能够纠正由污染外部性引起的政府失灵。Gor-
don[27] 提出由于环境污染具有外溢性特点，地方政府由于忽视了环境政策对
邻近地区的影响，从而造成无效率，中央政府在环境治理中集权优于地方政
府分权管理。与之相对应地，环境分权主义者认为，中央政府对于各地居民
环境质量偏好差异并不敏感，中央集权往往会出现各地实行统一环境标准的
现象。地方政府与居民环境偏好最为贴近，环境公共产品需求的异质性使得
地方政府提供环境服务更符合效率原则。典型人物如 Oates[28] 提出环境污染
应依据产品属性决定治理主体，地方政府对地方性环境污染进行治理，中央
政府对溢出效应显著或纯公共品类环境污染进行干预；对于溢出效应问题，
区域合作提供了潜在的有效率的解决方式，但合作决策制定机构的设置成为
实践中的难点。Silvana[29] 提出分权是解决地方居民环境偏好异质性问题的
有效途径。Bert 和 Denise[30] 也认为在环境政策中，若将地区追求最优与中
央政府"一刀切"进行比较，后者的方法是有福利损失的。Ogawa 和 Wilda-
sin[31] 认为在区域异质性明显且存在跨域溢出问题时，即使在上级政府协调
或"科斯谈判"完全缺位的情况下，环境分权治理仍可以产生有效的资源分
配。由此可见，理论研究在不同的假设下得出不同的结论。政府层级之间环
境治理事权的最优配置在理论上无法达成一致的意见。

二、环境治理分权与地方政府竞争

环境治理事权理论研究结论的迥异促使学者们进一步从实证方面寻求证

据。部分文献研究将环境治理分权与地方政府竞争相联系，讨论环境分权体制中地方政府对环境治理特别是环境规制中的竞争行为，重点讨论"逐底竞争"或"逐顶竞争"的问题，也就是所谓的地方政府的环境规制战略互动。

对分权体制下环境规制竞争的早期研究多以美国州级层面为对象，分析环境规制竞争的存在性、类型及形成原因，尤其关注"逐底竞争"。Fredriksson 和 Millimet[32] 分析了美国州际环境规制策略行为的存在性，发现相邻州环境减排成本之间存在着正向的互动关系，各州因相对减排成本较高的邻州的改善而"被拉"向较高的减排成本。在另一篇文章中，Fredriksson 和 Millimet[33] 检验环境规制中"加利福尼亚效应"即标尺效应的存在性，发现州际环境规制决策相互影响，但加利福尼亚效应较小，同时受污染治理溢出效应及资本竞争作用的影响，加利福尼亚邻州的响应反而小于远距离州。Levinson[34] 的研究同样得出州级环境规制策略制定会受到邻州环境规制的影响。Millimet 和 List[35] 利用随机优势检验评估时任美国总统的里根的"新联邦制"政策对环境质量的干预效果，发现扩大各州环境政策自由裁量权的这一举措并未导致各州在环境标准上的逐底竞争现象，相反，在联邦干预的这几年中，州一级的环境质量指标在继续改善。Woods[36] 则提供逐底竞争的证据。以州际露天采矿规制的执行强度为研究对象，Woods 发现在竞争对手监管执行力度小于本州监管执行力度的情况下，本州对执行力度进行调整，在竞争对手执行力度较严的情况下，州对执行力度"漠不关心"。Konisky 对此提出疑问。Konisky[37] 根据美国联邦污染控制计划中清洁空气法案、清洁水法案及资源保护和回收法案，发现州际环境规制在逐底竞争与逐顶竞争之间存在明显的战略互动。Sommerer 和 Thomas[38] 以欧洲国家环境规制为分析对象，发现在环境规制条例变动中约 94% 的条例是向上变动，只有约 6% 的条例向下变动，其结论支持逐顶竞争。Sjöberg 和 Xu[39] 以美国《资源保护与回收法案》（RCRA）为例，发现由于各州承担了更多的执法责任，执法行为并没有明显改变，在该法案的执行中并未出现逐底竞争现象。

我国地方政府是否存在环境规制逐底竞争行为？现有的研究尚未形成一致结论。例如，杨海生等[40] 指出，地方政府环境政策呈现相互攀比式竞争。李胜兰等[41] 发现，地方政府存在相互模仿的环境规制制定和实施行为，这一行为显著制约区域生态效率，即中国各省份存在环境规制逐底竞争现象。张华[42] 指出，本地和邻地的环境规制会受到地方政府竞争的影响，对碳排放的作用表现为显著促进，引发环境规制竞争逐底。王宇澄[43] 认为，我国地方政府间环境规制政策竞争表现为趋底竞争。韩超等[44] 以规制治理投资等为例，研究证实地区间规制治理投资策略互动对环境治理产生显著的负面影响。另一种观点认为地方政府的环境规制竞争行为是动态变化的、具有地区差异性、与污染物种类相关。在动态变化方面：张文彬等[45] 发现，环境规制省际竞争在 1998~2002 年以差别化策略为主，随后受科学发展观实践、环境绩效考核体系调整影响，在 2004~2008 年则逐步形成标尺效应。张华[46] 认为，环境绩效考核会影响环境规制竞争行为，在 2006 年后地区间环境规制的互补型策略互动行为有所减弱。陆立军和陈丹波[47] 发现，地方政府之间环境规制策略从逐底竞争向趋好竞争转变，但是他们指出创新补偿效应才是促进这种转变的主要途径。张振波[48] 发现，政府考核指标会影响地方政府间环境治理的竞争，促使逐底竞争转向策略性模仿。在地区差异性方面：赵霄伟[49] 以 2003 年为起点分析城际政府间的环境规制竞争行为，发现除中部地区呈现逐底竞争外，东部和东北部地区表现为差异化竞争，西部地区则没有明显的竞争形态。蒋勇[50] 发现，地区环境规制竞争在东部地区体现为差异化，在中西部地区则以逐底为特征。李力等[51] 发现，低财政赤字率、高失业率或者污染密集产值与 GDP 之比更高的区域对环境规制策略的互动更敏感，逐底竞争与逐顶竞争都是局部现象，多数区域同时具有这两种现象。在污染物差异方面：宋德勇和蔡星[52] 发现，地方政府环境规制中存在着明显的战略模仿，竞争策略随污染物的变化而发生动态调整。刘帅和杨刚强[53] 的研究结果也显示环境规制竞争状态具有污染类型异质性，弱竞争体现在废气和废物污染，标尺竞争则在废水污染领域。

三、环境治理分权与跨域污染治理

部分研究将环境治理分权与跨域污染治理相联系，检验环境治理分权对跨域污染治理的影响。就研究方法而言，主要运用法律证据与事实特征判定样本地区集权或分权，以此为基础，分析地方政府环境治理行为及对跨域环境污染的影响，但是实证结果尚未达成一致。

一种观点认为，边界污染问题正是分权体制下外部性等因素引起政策失效的一个经典案例。此类研究多是以流域分析为例，检验分权状态下环境污染溢出效应的存在性。在国外跨域河流边界污染方面：Sigman[54] 利用联合国全球排放监测系统河流监测站数据，比较分析国际和国内河流污染水平，发现"搭便车"现象可能会大大增加国际河流污染水平，国境线上游水污染水平高出其他地区 40% 以上。Gray 和 Shadbegian[55] 发现，在加拿大和美国边境附近生化需氧量（BOD）排放较高，这与边界地区更宽松的环境规制密切相关。Sigman[56] 分析美国水污染治理的分权化改革《清洁水法案》对各州水污染物排放的影响，发现获得自由量裁权的州更倾向于将污染企业选址于下游，其下游河水污染程度提高 4%，造成损失每年可达 1700 万美元。Lipscomb 和 Mobarak[57] 探讨巴西行政区划改革对水环境质量的影响，证明即使这些辖区属于同一个治理州或联邦，在分权管理下也存在着很大的跨境负面溢出效应，每增加一次边界变化，污染就会增加 3%。在中国跨域河流边界污染方面：李静等[58] 考察了行政边界对河流污染程度的影响，结果显示边界地区水质指标如净 pH 值、化学需氧量、氨氮均高于非边界地区，证实中国河流边界污染中以邻为壑特征的显著存在。Kahn 等[59] 发现中国十大水系中，省界监测站的化学需氧量（COD）水平显著高于非省界监测站。Cai等[60] 通过对中国 24 条大河流的调查发现，2001 年以后，位于一个省份河流下游的县域污染性行业较其他县域高 20% 以上，印证了下游效应。Shen 和

Yang[61] 将研究样本扩大至中国主要流域，经验发现支持边界污染的存在，省级边境监测站的污染程度显著高于内部监测站的污染水平。宋德勇和张麒[62] 发现中国七大流域中河流边界污染问题显著，且随着河流跨越行政边界数量的增加愈发严重。

然而，也有部分研究对环境分权治理与跨域污染治理持乐观态度。如 Dinar 等[63] 基于世界各地 83 个流域数据，发现构建纠纷解决机制、政府财政支持流域预算等能够有效提高流域分权管理的绩效。Sigman[64] 以水污染为例分析环境分权对环境质量的影响，发现在联邦制度国家水污染的区域差异更大，其结论支持分权可以使环境政策更好地适应当地条件，从而提高经济效益。Lovo[65] 基于印度 2006 年环境影响评估改革检验环境分权对污染企业新生率的影响，发现在环境规制相对严格的州，环境分权显著减少了污染企业的产生，主要原因是环境管制和执法的权力下放导致污染控制和管理制度更加明确且透明。Ghosal 和 Stephan[66] 在小规模工厂中发现瑞典环境治理分权对绿色全要素生产率积极影响的证据。Zhang 等[67] 以省直管县作为地方分权的准自然试验，发现地方分权通过公共收入的缓解效应、农业的机械化效应以及国内市场效应，进而积极影响城市边界地区的水环境，城市边界改革县的水质提高 10%～20%。

第二节　协同治理模型的相关研究

关于协同治理模型，较为熟知的是安塞尔和加什的协同治理模式、爱默生等的协同治理综合框架，以及"结构—过程"模型及其衍生等。

一、协同治理模式

克里斯·安塞尔和艾莉森·加什（Chris Ansell & Alison Gash，2008）提

出由初始条件、领导力、制度设计和协同过程等核心要素构成协同治理模式
（亦称 SFIC 分析模型），如图 2-1 所示。在协同一开始就存在的初始条件，
如权力或资源或知识失衡、既往合作或对抗等，对利益相关者之间的合作可
能起到促进或者阻碍作用。领导力是各当事方进行谈判和对困难的合作进程
起指导作用的一个关键组成部分。制度设计则是基本协议和基本规则以及合
作进程程序的合法性。协同过程是模型的核心，由面对面对话、信任建立、
对过程承诺、建立共识、中间成果所组成[17]。该模式详细地提出了许多关键
因素及影响公共事务协同治理进程的发展变量，并具有普遍性，而后得到若
干持相同研究倾向学者的补充和发展。SFIC 分析模型亦得到国内学者在不同
领域的应用，典型如韩文静和张正峰[68] 基于 SFIC 模型探究农村妇女土地权
益的协同治理程序和机制；张捷和陆渊[69] 基于 SFIC 模型构建共享经济背景
下社会养老服务协同治理框架；王静等[70] 基于 SFIC 模型构建智慧图书馆协
同治理的模式。

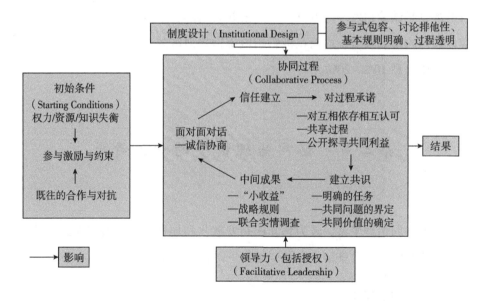

图 2-1 SFIC 分析模型

资料来源：Ansel 和 Gash（2008）。

二、协同治理综合框架

Emerson 等在拓宽协同治理定义的基础上，提出由三个嵌套维度组成的协同治理一体化框架（见图 2-2）。处于框架中间维度的是协同治理机制，也是框架的核心，是行为、决策和活动的系统，包含协同动力和协同行动。这两个组成部分则是框架的最初维度，两者共同决定了协同治理机制的总体质量和发展的有效程度，其中协同动力包括原则性参与、共享性动机、联合行动能力三个交互要素，三要素以互动和迭代的方式共同工作，进而产生协同行动。框架最外层为代表着政治、法律、社会经济、环境等的系统情境，它不仅塑造整体的协同治理机制，通过产生驱动因素，如领导、相应的激励、相互依存和不确定性等，决定协同治理机制的形式和方向。同时，还会受到协同治理机制中协同行动的影响并加以适应[18]。该框架将若干变量组织在一个多层次内，使学者们可以从整体上研究协同治理机制，关注其各个组成部分与要素，进一步分析协同治理及其绩效的内在动力和因果途径，同时便于复杂、多层次系统的跨学科研究。

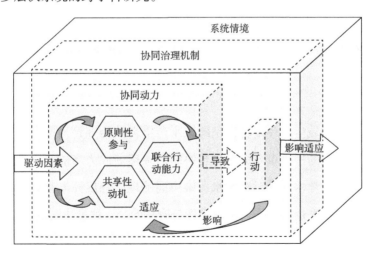

图 2-2　协同治理综合框架

资料来源：Emerson 等（2012）。

三、"结构—过程"模型及其衍生

在协同治理分析框架中，经济合作与发展组织（OECD）所提出的"结构—过程"模型亦得到学者们的广泛关注和应用。该模型把协同机制划分为结构性协同机制和程序性协同机制[71]。其中，结构性强调部际联席会议，中心政策小组和专项小组等组织载体。程序性重点在于技术性手段及安排，如议程设定、决策程序、信息交流平台、工具组合与选择等[72]。作为一个具有高度概括性的解释性分析框架，"结构—过程"模型在协同治理机制分析的应用中既有原模型的直接套用，如吴建南等[73] 使用"结构—过程"模型阐释长三角区域大气污染协同治理机制。此外，还出现了模型的创新完善，现已发展成各式各样的衍生模型。如魏娜和孟庆国[74] 基于结构—过程—效果分析框架，考察了京津冀大气污染跨域协同治理的实况；陆远权和蔡文波[75] 构建环境—结构—过程分析框架呈现产业扶贫协同治理的整体图景；刘天佐和廖湘莲[76] 构建制度—结构—过程分析框架，对消费扶贫协同治理进行了探讨。

第三节　跨域水污染协同治理的相关研究

如何实现跨域生态环境特别是跨域水污染良性治理是当前理论界与实践界迫切需要解决的一个重要命题。当协同治理逐渐成为当前解决跨域水环境难题的共识后，学术界针对跨域水污染协同治理问题展开丰富讨论，侧重于剖析协同治理制度逻辑，探讨协同治理与府际博弈，评价协同治理绩效等。

一、跨域水污染协同治理的制度逻辑

水环境的公共物品属性以及生态消费行为的外部性使得水环境治理问题

需要政府的干预和管制。那么，政府应该采取何种治理方式以更好地实现跨域水环境污染的高效治理呢？相关研究主要结合生态环境公共性、外部性等特征分析属地治理模式下的困境，阐述政府协同治理跨域水污染的必要性。易志斌和马晓明[77] 指出，建立流域跨界水污染政府间合作治理机制是对流域水环境公共物品属性、个体理性与集体理性冲突以及现行"行政区行政"治理方式困境等因素的较好回应。田志华和田艳芳[78] 的研究发现水污染是引发环境冲突的主要原因，水污染的跨地区性决定了水污染防治应建立起政府协同合作模式，涵盖上下级、同级以及各部门间。王俊敏和沈菊琴[79] 总结道，属地治理转向协同治理能够有效破解跨域水环境治理行政分割困境、应对跨域水污染负外部性、破解跨域水环境治理低效率问题。

接下来，如何通过协同治理破解跨域环境难题，探索适合跨域水污染协同治理的框架和模式成为公共政策与管理等领域的研究重点。朱德米[80] 以太湖流域水污染防治为案例，提出构建水污染防治跨部门合作机制，强调从功能拓展、成员完善、制度化建设、常设机构设置等方面增强水污染治理省部联席会议制度。杨宏山[81] 提出，跨行政区域水污染治理需要以建立流域性综合管理机构为重点，以加强地方党政主要领导环境治理责任为目标，建立政府主导型水污染综合治理机制。李正升[5] 认为，需要从流域管理机构权威强化、绩效评估体系及生态补偿机制构建等方面完善流域水污染协同治理的制度设计。朱喜群[82] 以太湖流域生态治理为例，发现政府在治理主体多元、互动、融合且治理手段多维的生态情景中发挥主导作用，政府间合作关系在一定程度上会影响生态治理效力。陈雯等[83] 以苏浙跨界水污染治理为例，指出其是典型的损益型地方政府合作模式，上级政府和公众是推动达成博弈均衡的关键力量。韩兆柱和任亮[84] 以京津冀跨界河流污染为例，提出了府际合作模式的构建，着重于整合和完善三地政府河流污染治理组织结构、统一治理标准、搭建信息化治理平台、建立健全跨界河流污染治理体系和长效协作机制。

此外，部分文献还从参与跨域水污染协同治理的各主体或跨域污染协同治理的各利益相关者视角出发，探讨其对协同治理的影响。例如，Lubell[85] 指出基层利益相关者的合作是协同治理成功的必要条件，其对参与佛罗里达州苏万尼河合作项目的农民进行态度调查表明，农民参与的动力主要来自于对其他农民互惠的期望以及对当地政府机构的信任，农民对政策有效性的看法主要是由经济因素驱动的，而参与协同管理则与社会资本有关。Fliervoet 等[86] 通过社会网络分析方法探讨了荷兰瓦尔河沿岸河流协同治理问题，证实非政府行为者对主要政府组织的依赖性，但现阶段荷兰政府组织在洪泛区的管理中仍然占据着主导和控制地位。Brisbois 等[87] 基于加拿大两个水资源管理案例分析存在严重权力失衡的情况下公共池资源协同治理问题，发现强大的行为者在决策中占据优势，并从他们帮助创造的符合自身利益的决策议程中获益，鉴于强大的行为者限制了协作议程或者有选择地执行有利于行业行为者的规则等因素的存在，公共池资源协同治理无法产生预期治理成果。Baudoin 和 Gittins[88] 以法国的卢瓦尔河流域和塞纳河—诺曼底流域为分析对象，发现不同利益集团在协作治理过程中的相对存在将产生不同的生态结果，非政府组织代表的出现与较低的点源污染水平有关，而农业代表的出现则与较高的硝酸盐污染水平有关。

二、跨域水污染协同治理与府际博弈

对于我国地方政府来说，自主权在改革开放后扩大，经济社会利益和发展目标相互独立，彼此之间实质构成以相对经济实体为基础的对策博弈关系[89]。那么，在跨域水污染治理方面，地方政府能否达成协同治理行为？

由于经济发展与环境保护利益冲突的存在，跨域水污染涉水地区之间具有典型的博弈特征，这使博弈论成为分析跨域水污染地区冲突与协同行为的重要工具之一。当学者将府际博弈的研究视角聚焦在跨域水污染这类公共性问题上时，大多研究发现实现跨域水污染政府间协同治理存在一定的困难。

李胜和陈晓春[90] 指出，中央政府的治理政策在实践履行时会受到信息不对称、污染外部性、利益冲突的影响，此类因素加剧各行政区合作治理难度。徐大伟等[91] 发现，在任何补偿原则下，跨域水污染治理社会最优无法依赖上下游地方政府单独实现，需要中央政府介入并进行补偿或处罚。吴瑞明等[92] 发现，监管在流域污染治理方面发挥着重要作用，政府监管力度会直接影响污染程度以及治污成效。Fernandez[93] 发现，如果水污染治理没有得到跨界水污染管理机构的特别协调而受到拖延，污染存量就会随着减排成本和损害而大幅增加。李正升和王俊程[94] 指出，若无法有效监督越界流域水污染治理，并处罚不治理行为，不治理即成为地方政府的最优选择。牛文娟等[95] 发现跨界水资源冲突问题无法由地方政府单独破解，需要中央政府以未治理一方适当惩罚进行强制介入。徐志伟和刘欢[96] 发现，在任何经济空间结构下上下游地区的协同治理污染行为仅靠补偿机制无法实现，必须配合相当力度的惩罚机制。Shi 等[97] 指出，地区参与跨界流域污染协同治理的关键是边际污染物减排成本的地区差异，收益—成本的不同分配方式会影响到协同治理的长期可持续性。谭婉冰 （2018）[98] 以湘江流域上下游生态补偿为例，发现若无一个强互惠政府干预，其结果将是公地悲剧。Lu 等[99] 发现，在跨域水资源冲突处理过程中，上、中、下游三方倾向于选择"搭便车"策略，即其中一方或两方选择合作、剩余方选择不合作，而且上中游地区是数值模拟中最有可能发生冲突的地区。Luchner 等[100] 指出，跨界水资源协同治理经常受到上下游水资源分配冲突的挑战。Gao 等[101] 发现，没有中央政府的监督，上下游政府不能自发合作实施流域生态补偿制度。任以胜等[102] 以新安江流域生态补偿建设为例，发现中央政府的"适度介入"是开展跨省流域生态补偿的关键。

此外，也有文献对跨域水污染协同治理持乐观态度。杨梦杰等[103] 以长三角地区跨界河流太浦河为例，发现流域机构介入、激励约束政策以及生态补偿机制、断面考核机制能够协调地方政府在跨界河流上的利益矛盾，并促进合作状态稳定性。徐松鹤和韩传峰[104]发现，解决流域环境治理中各自为政的非合作方式决不可取，中央层面统一决策的方式并不总能最优，上下游协同配合的生态补偿方式既有效又可行。Herzog 和 Ingold[105]指出，当公共池塘资源和公共责任超越司法管辖范围时，治理主体对威胁问题的接触以及参与如水资源协会的论坛可以促进共同合作。Zia 等[106]发现，水质监测系统和激励机制的耦合会增大水污染治理的合作行为。王宏利等[107]发现，引入激励约束机制及上下游动态联系，可建立跨省流域生态补偿长效机制。Sheng 和 Webber[108]以中国的南水北调为案例，发现跨界水污染治理激励协调所构建的新自由主义激励结构有助于在现有的依靠命令控制型工具的生态补偿制度下提高水污染治理的有效性。

就研究方法而言，上述文献对跨域水污染或流域污染控制的研究主要是基于演化博弈，也有少部分学者通过构建跨界水污染控制的微分博弈模型，探讨跨域污染治理与府际博弈。

三、跨域水污染协同治理的效果评价

从已有的跨域污染合作治理成效评估相关文献看，学者基于特定案例考察协同治理治污成效。在水污染协同治理效果评价方面：国外学者的起步较早，早期的研究侧重于协同治理的成果。如 Connick 和 Innes[109]探讨了旧金山河口工程、加州大学河湾三角洲计划以及萨克拉门托地区水资源论坛的协同治理结果，认为这些水资源协同决策产生了诸如社会和政治资本、商定的信息、僵局的终结、高质量的协议、学习和变革、创新以及涉及网络和灵活性的新实践等强有力和持久的成果，远远超出了解决具体争端的范围。Lubell[110]以美国环境政策领域最突出的国家协同治理制度——国家河口计划为分析对象，发现该协同治理制度可以通过改变集体行动的信念间接地提高共识的水平，但可能不会改变协同治理行为的水平，一系列政治、经济或社会制约因素使协同治理行为的变化和协同共识的出现隔绝开来。随后，学者们将协同治理效果评价与环境产出相联系。典型如 Biddle 和 Koontz[111]探讨

流域协同治理对环境产出的影响，发现流域协同治理可以减少污染的中间产出，进而促进水质目标的实现。Scott 等[112] 利用美国环保署的国家河流和溪流评估结果，采用倾向得分匹配法评估 357 个流域协同治理的环境效果，证实流域协同治理与环境改善的正相关关系。Ulibarri[113] 探讨在美国联邦能源管理委员会的水电设施许可程序中协同决策与环境产出之间的联系，其结果支持协同治理可以改善环境结果的假设，揭示协同治理的实用价值。

国内学者对水污染协同治理的效果评价多是基于河长制制度的实施。一是基于典型案例分析河长制的实践运行情况。部分学者认为河长制在实践运行中遭遇许多困境：任敏[114] 基于贵州省三岔河河长制的观察，指出若不改变以权威为依托、纵向协同等现状，河长制可能面临能力、组织逻辑、责任等困境。李汉卿[115] 发现上海市河长制实践中可能会出现"阳奉阴违"的政策冷漠以及地方政府"合谋"现象；沈亚平和韩超然[116] 指出河长制协作机制单一、河长办角色溢出成为天津市河长制实务中无法回避的问题。熊烨和赵群[117] 在江苏省两个地级市河长制实践调研中发现，一些地区的河长制功能与政策文本描述有所出入，症结在于未能深入考察制度创新地河长制的适配度、理解把握河长制运行逻辑，以及河长制实施地区层级、部门不同预期和目标等。朱德米[118] 指出河长制出现治理效能不高、治理效果难以持续等问题的原因在于体制、机制与技术相互匹配较低。但也有学者探讨河长制成功的制度密码，强调河长制的政策创新：吕志奎等[119] 将福建省 T 江流域治理效率的改善归结于河长制营造了较好的制度环境，如责权利制度化相匹配、制度惯性下多部门多主体共同参与、政治问责和治理效率制度刚性等；胡春艳等[120] 指出，湖南省 C 县河长制成功运行的动力在于将河长制与基层社会治理密切结合，资源整合在行动能力方面发挥了重要作用。

二是使用更多的实证材料定量研究河长制成效问题。从现有研究成果来看，关于河长制效果评价的文献多是聚焦于河长制对河流污染治理的影响作用。就研究结论来看，有学者对河长制的治污效果进行肯定：Xu 等[121] 运用微分博弈模型评估巢湖流域河长制效果，发现水污染控制在河长制推行地区的平均效果显著大于非河长制推行地区；Tang 等[122] 亦是以巢湖流域为研究对象，综合评价河长制实施前后的水生态安全状况，发现河长制实施促使巢湖流域的总体水生态安全由总体健康类别的下限提高到总体健康类别的上限；Li 等[123] 在证实河长制对河流污染治理的积极影响的同时，指出其实施成效会受到河长辖区边界、河长之间的行政冲突、地方政府的环境支出能力和环境压力等因素制约；马鹏超和朱玉春[124] 发现村级河长能够利用村庄的知识资源、关系资源、动员能力等因素显著提升农村水环境治理绩效；刘亦文等[125] 以湘江流域河长制为例，发现河长制改善水质的机制不仅包括直接影响，还涵盖推动产业结构升级、能源结构调整的间接影响。徐娟等[126] 以各省执行河长制为例，发现河长制能够明显促进水污染治理，有效减轻河流污染程度，但是在跨区域间还存在协同治理困境。但也有学者认为河长制效果不尽如人意：肖建忠和赵豪[127] 基于湖北省地表水环境质量月报数据发现，河湖长制在短时间内并没有达到保护水资源的预期效果；Li 等[128] 同时分析了国控和江苏省的水质监测数据，认为河长制并不如官方公布的那样有效，地方政府在污染治理中可能存在表面治理行为。与上述结论皆不同的是，有学者发现河长制的治理效果存在污染物以及地区上的差异性：沈坤荣和金刚[129] 基于国控断面水质监测数据发现，河长制治污具有初步效果，但对于水中深度污染物效果不佳，诸如化学需氧量、（五日）生化需氧量、氨氮、石油类、挥发酚、汞以及铅等；She 等[130] 以长江经济带为研究对象，发现河长制的制度效果体现在改善化学需氧量方面，但效果实现之后趋于平稳；王班班等[131] 以长三角地区为例，发现河长制污染治理效果以无锡市自发首创最强，向上扩散地区其次，平行扩散地区并不显著；Zhou 等[132] 发现河长制能够降低农业非点源污染中畜禽养殖粪便产量对地表水质的负面影响，但在化肥使用造成的水污染方面效果不佳。此外，部分研究关注河长制对经济发展的影响：王力和孙中义[133] 以长江经济带为研究对象，发现河长制会通过地区环境规制产业结构，同时降低环境污染，在短期内会抑制区域经济的发展，但是从长期来看可以实现双重红利；Ouyang 等[134] 以重点环保城市为例，发现河长制具有较好的治污效果，且在低经济增长压力地区、与邻地政策协调较好地区更为显著，同时河长制通过促使本地污染企业进行产业升级创新进而促进区域创新；戴梦雪等[135] 评估河长制与地区农业发展的影响关系，发现河长制并不直接关系到农业的发展，河长制通过减轻水污染和提高水质等方式推动农业的发展。还有研究关注了河长制对企业的影响：Zhou 等[136] 发现，河长制能够显著提高公司水资源信息披露质量，尤其是国有企业和股权集中度较低的公司。

第四节　研究述评

一、现有研究的贡献

对上述国内外文献梳理分析发现，相关研究为着力于跨域水污染协同治理问题提供了理论依据和现实指导，已经在以下方面取得较为丰富的研究成果。

在环境污染治理事权的相关研究方面：①对生态环境治理事权划分进行理论研究，在不同假设条件下得出不同结论，政府层级之间环境治理事权的最优配置在理论上无法达成一致的意见。②在环境治理分权体制下，地方政府在环境治理尤其是环境规制上存在竞争行为，但在具体的竞争类型上暂未形成共识。愈多研究认为地方政府的环境规制竞争行为并非静态的而是动态变化的，具有地区差异性，与污染物种类相关。③多数研究认为环境治理分权状态下外部性等因素会引起政策失效，进而导致边界上的环境污染问题或跨界污染问题。

在协同治理模型的相关研究方面：①关注模型的适用性。适用性这一特征在最初的 SFIC 模型中就已清晰展现，安塞尔和加什表示，相较于以往大多数协同治理"类"的研究即针对部门单一案例，本模型意在提出协同治理作为"属"的观点，即治理的共同模式。爱默生等回应了协同治理的"属类"观点，其构建的综合框架可以在不同的规模、政策领域和复杂性层次当中有效应用。"结构—过程"模型亦得到多领域的广泛适用。②关注协同治理过程。对于 SFIC 模型而言，协同过程变量是其核心；协同治理机制概念是综合框架的核心特征；在"结构—过程"模型中，过程占据了 1/2 的位置。

在跨域水污染协同治理的相关研究方面：①结合生态环境公共性、外部性等特征分析属地治理模式下的困境，肯定了跨域水污染协同治理的必要性，认为政府间协同治理是跨域水污染善治必然的路径，并见仁见智地提出相应的协同治理框架和模式。②基于博弈方法解析跨域水污染协同治理与政府际博弈的关系，普遍赞同实现跨域水污染政府间协同治理存在一定的困难性。③基于特定案例或者采用实证方法评价跨域水污染协同治理的效果，国内研究多是基于"河长制"制度实施，分析河长制对区域内部河流污染治理的影响，尚未形成一致研究的结论。

二、现有研究的不足

目前研究还是较多地局限在单一问题探讨，在以下方面仍有欠缺：

第一，关于跨域水污染协同治理理论逻辑的探讨不充分。首先，已有协同治理分析框架存在一定的局限性，主要体现在未能展现外部环境与协同治理之间的相互作用，如 SFIC 模型和"结构—过程"模型。虽然 SFIC 模型建构在已有研究基础上，外部环境尚未进入当时研究讨论范畴，但是仍无法忽略其影响作用[137]。其次，未能充分描述协同治理的效果。如综合框架和"结构—过程"模型，SFIC 模型中虽然出现"结果"一词，但未得到详细论述。最后，未能充分描述协同治理主体彼此关系。虽然有部分文献探索了适合跨域水污染协同治理的框架和模式，但是其结论多以政策建议形式来呈现，未能充分分析跨域水污染协同治理的一般规律及其实现范式，而这一点恰恰是寻找相应政策着力点的关键理论基础。因此，如何构建起具体可行的跨域水污染协同治理理论逻辑是需要进一步深入探讨的命题。

第二，对地方政府协同治理跨域水污染的行动逻辑分析考虑不够全面。解决好跨域水污染协同治理问题的关键在于明确政府在跨域水污染协同治理中的行动逻辑，涉及跨域水污染协同治理动因、协同治理主体、协同治理过程等。关于地方政府在协同治理跨域水污染时的行动问题，现有文献尚未形成系统研究，往往侧重于某一个具体方面，从单视角切入。比如，在政府环境污染治理事权的相关研究中，关注点侧重于分析分权体制下的地方政府竞争及边界效应问题。这些问题（如规制竞争、跨界污染等）的产生也侧面说明了政府间协同治理的必要性，同时也加剧了协同治理的困难度。而且现实中属地治理和协同治理是地方政府面临的两种选择，因此还应充分探讨地方政府在属地治理和协同治理不同情境下的行为选择问题。

第三，对跨域水污染协同治理效果的评价较少考虑其对地方政府治理行为的影响。现有文献研究多是侧重于分析跨域水污染协同治理对辖区水质的影响效果，较少基于生态环境的公共物品属性从地方政府治污行为视角考察其背后深层次的根源。

基于此，本书将在以下几个方面进行深入研究：构建跨域水污染协同治理的理论逻辑；厘清地方政府参与跨域水污染协同治理的行动逻辑；以地方政府治理行为视角评价跨域水污染协同治理的效果。

第五节　亟待进一步研究的问题及其思路

作为一项实务导向极强的研究议题，协同治理的功能和价值蕴含于具体实践运作之中。在分析跨域公共事务典型如跨域水污染协同治理时，一个无法回避的问题是：在中国的治理情境下，跨域水污染协同治理究竟呈现何种形态？因此，需要构建可资遵循的跨域水污染协同治理框架，以期展现实践应用的全貌图景。基于此，在借鉴已有协同治理模型的基础上，结合我国水污染治理制度环境，本节提出如何改进并完善的思路，构建跨域水污染协同治理理论框架。

一、亟待进一步研究的问题

跨域水污染协同治理的核心问题可凝练为：一是"跨域水污染协同治理的行动逻辑是什么"，涉及政府为什么要参与跨域水污染协同治理、参与主体都有谁以及如何进行协同治理等，即"为何协同""谁来协同""如何协同"；二是"跨域水污染协同治理的效果如何"，即"协同结果"。政府间跨域水污染协同治理框架力图解答上述"为何协同""谁来协同""如何协同""协同结果"问题。基于此，本书提出由"物品属性—治理主体—治理依据—治理效果"等核心要素组成的跨域水污染协同治理框架构建（见图2-3）。

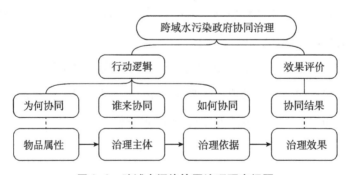

图2-3 跨域水污染协同治理研究问题

资料来源：笔者绘制。

第一，从物品属性视角探究协同治理动因。协同治理行动逻辑中首要回答的问题就是"为何协同"，即协同动因。本章第二节中已有协同治理模型研究将对协同治理等产生综合性影响的外部条件统称为系统情境，或者是起始条件等。这些外部系统情境创造了机会或限制因素，对合作产生促进或阻碍作用，并从始至终影响协同动态。就构成要素而言，协同治理兴起于政治、法律、社会经济和环境等多层影响因素框架之中，外部系统情境涵盖资源条件、政策法律、政治动力、权力关系、冲突及信任程度等。从研究观点来看，既有外部因素对协同影响的描述，此时外部因素与协同治理被视为单向影响关系；也有外部因素与协同相互影响的描述，即整个过程中外部因素和协同治理的能量交换。本书认为，探寻协同动因不能仅局限于分析外部条件，更重要的在于研究对象的本质属性，以及研究对象和置身外部条件的相互作用，例如契合性或者冲突性。对于跨域水污染协同治理而言，应该从跨域水资源及其污染治理的物品属性，即准公共物品属性视角探究其协同治理动因。

第二，重视协同治理主体作用。推进跨域水污染治理模式创新和治理体系改革，"人"的问题应该得到重视和关注。协同治理强调多元主体共同参与决策制定，并协同解决公共问题。协同治理的要义和核心不仅局限在主体多元，更在于多元主体间的关系。因此，厘清多元主体之间的相互关系研究是一个不容回避的课题，它既是理论研究中的一个焦点议题，又是实践层面上的一个核心内容。

第三，关注协同治理依据描述。跨行政区域协同治理的微观过程怎样？或者说，跨行政区域协同治理中政府之间的合作是如何被组织的？此类问题涉及协同治理行动逻辑中"如何协同"，皆属于协同治理过程范畴。协同治理依据既是对协同治理理论在中国本土化应用的检验，又能够揭示跨域水污染协同治理在实践中的运转情况。

第四，补充协同治理效果评价。观察协同治理现象的运行规律，不能仅停留在结构或过程的层面，还需要涵盖治理这一系列动态过程下产生的结果，兼顾协同治理的过程结果和政策管理结果。

二、研究思路

基于"物品属性—治理主体—治理依据—治理效果"这些核心要素，绘制跨域水污染协同治理研究思路（见图2-4），以期准确描述跨域水污染协同治理的一般化运作模式。

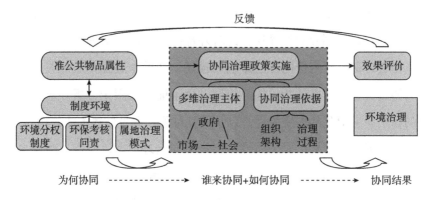

图2-4 跨域水污染协同治理研究思路

资料来源：笔者绘制。

第一，"准公共物品属性"模块阐明的是跨域水污染协同治理的动因，即为何要协同治理问题。协同治理并非发生于真空之中，其启动与运行都依存于特定的现实场域，需要合适的契机。跨域水污染协同治理动因需要考虑跨域水污染及其治理的准公共物品属性，以及其与我国现行水污染治理制度环境的契合程度或不相容程度，诸如环境分权制度、环保考核问责、属地治理模式等。

第二，"协同治理政策实施"模块包括多维治理主体和协同治理依据两部分。其中，多维治理主体部分阐明的是跨域水污染协同治理的多维主体，即由谁来协同治理问题。协同治理依据部分阐明的是跨域水污染协同治理的具体实现过程，即如何协同治理问题，可从组织架构和治理过程两个维度进行分析。

第三，"效果评价"阐明的是跨域水污染协同治理的最终产出，即协同治理效果如何的问题。环境治理效果是跨域水污染协同治理效果评价的重要内容。对协同治理效果的评价不仅需要从理论层面分析，更需要从实证层面检验证明。

第三章　跨域水污染协同治理的理论逻辑

本章尝试展现协同治理全貌图景，在理论依据的基础上，结合我国水资源治理实况，提出跨域水污染协同治理基本理论，包括协同治理动因、协同治理政策实施和协同治理结果评价的匹配一致等，为实践中复杂的跨域水污染协同治理提供一定的理论支撑。

第一节　理论依据

任一问题的分析都需要理论依据。对于跨域水污染协同治理的行动逻辑和效果评价来说，公共物品理论和集体行动理论有助于从跨域水资源及其治理的物品属性视角和地方政府污染治理的集体行动视角理解跨域水污染"公地悲剧"根源；博弈论为政府水污染治理决策提供分析工具；协同治理理论则有助于从协同运作层面了解政府及其他利益主体为应对跨域水污染而采取相应行为的行动逻辑。

一、公共物品理论

作为财政学或者公共经济学的核心范畴，公共物品理论在揭示公共部门存在的经济学理由及其活动，阐释公共财政与公共经济中诸多具体问题等方面提供了基础性理论工具[138]。若从经济思想史的角度探寻理论发展脉络，公共物品理论的许多朴素思想诸如内涵界定、资源配置及典型供给等，至少可追溯至古典学派。

英国早期哲学家、历史学家和经济学家大卫·休谟在《人性论》中较早提出公共物品自发供给问题，其在"论政府的起源"一节中提到"两个邻人可以同意排去他们所共有的一片草地中的积水……但对于一千个人来说，不仅很困难而且不可能"[139]。同时代的亚当·斯密在《国富论》中提到"国防和治安、司法、公共工程包含在君主义务之内"[140]。从某种意义上说，两者皆意识到公共物品自发提供不足问题，正是由于对公共物品的需要才导致政府的产生。而真正意义上的"公共物品"概念产生自《公共支出的纯理论》，美国经济学家保罗·萨缪尔森（Paul A. Samuelson）在该文中将公共物品界定为消费非竞争性物品以区分私人物品与公共物品；论证了公共物品最优供给一般均衡条件是全体消费者边际替代率总和等于边际转换[141]。他认为，建立在个人利益最大化基础上，理性个体极有可能隐藏其对公共物品的真实偏好，公共物品供给和消费的帕累托最优不可能通过自发决策和分散式市场价格机制来实现，由此喻示公共物品需要政府通过公共支出方式供给的政策思想。持类似理念的研究者进一步对该思想进行补充，诸如理查德·阿贝尔·马斯格雷夫（Richard Abel Musgrave）明确引入非排他性，公共物品被界定为一种非竞争性，非排他性商品，消费者可根据自己的喜好自行选择是否消费[142]。詹姆斯·布坎南（James Buchanan）补充指出，仅有非竞争性或非排他性的商品也是公共商品，揭示出更具有普遍意义的非纯粹准公共商品。在 1965 年出版的《俱乐部的经济理论》一书中，他把萨缪尔森所界定的公共产品叫作纯公共产品，将俱乐部产品定义为一些人能消费，而另外一些人被排除在外的一类产品[143]。尽管学者们对公共物品的解释各有所持，但从非排他性与非竞争性角度界定已经成为人们判断公共物品的主要标准[144]，这是萨缪尔森、马斯格雷夫等新古典范式下公共物品理论或者说主流公共物品理论的特点之一[145]。

就本书所讨论的跨域水资源及其污染治理来说，属于典型的跨域性公共事务，具有明显的公共物品属性，或准确来说，是准公共物品属性。跨域水资源在消费中存在着非竞争性，过度开发及利用是其面临的最大问题。正如加勒特·哈丁（Garrett Hardin）所形容的公地悲剧，在一个相信公地可以自由利用的社会中，人人都在追求自身的最佳利益。破坏是大家蜂拥而至的目的地[146]。当水资源被相当大数量消耗以致接近紧缺状态时，污染治污成为其破解方法之一。而污染治理具有受益的非排他性，这意味着无法在供给公共物品即提供治理后的水资源时排除那些没有付出治污成本的消费者。也就是说，在跨域水污染治理的过程中容易产生"免费搭乘"行为。公共物品的供给成本分担以及供给的持续性、永久性皆会受到影响[147]。此种情形下，公共物品的供给不足便是不可避免的，实际的污染治理水平会明显低于社会所需要的最优水平。公共物品私人供给不足或无法供给是非排他性的逻辑推论，同时也被视为市场失灵的表现之一，通过公共途径如政府提供公共物品是其典型解决办法。

二、集体行动理论

公共事务治理是个经久不衰的课题，集体行动理论作为这一知识体系中的精髓，为公地悲剧的研究提供了思路[148]。学术界对集体行动的研究源远流长，集体行动理论至少可追溯至 20 世纪 60 年代。而这一时期的代表人物则是对这一理论作出经典表述和深刻探讨的美国经济学家曼库尔·奥尔森（Mancur Olson）。1965 年，奥尔森在《集体行动的逻辑》中第一次把公共选择理论应用到集体行动领域，探究公共物品属性与集体行动间的关联，并提出著名的"集体行动的困境"或"集体行动悖论"。他认为理性人的选择是"搭便车"，而不是积极承担集体行动的成本。集体行动理论与公共物品理论存在千丝万缕的联系，奥尔森认为，非排他性是公共产品和私人产品之间的一种区别属性，它是各种集体行动出现问题的根本原因。对于"如何克服搭便车问题、破解集体行动困境"这一问题，奥尔森认为，强制和向成员提供选择性激励是实现集体行动的手段[149]。所谓强制，并不意味着暴力，强制的力量要与合作社所提供的公共物品相匹配。该意见对国家参与和干涉集体选择进程的正当性作出了解释。

后期学者对奥尔森的观点或批评或拥护或延伸，将供给公共物品、追求集团利益与集体行动目的相联系[150]。典型如以奥斯特罗姆夫妇（Elinor Os-trom & Vincent A. Ostrom）为代表的印第安纳学派将制度分析融入集体行动研究，主张自主治理有望成为公共池塘资源治理另一种可能选择，进一步发展了集体行动理论，也为公地悲剧的治理开辟了新道路。埃莉诺·奥斯特罗姆（Elinor Ostrom）认为，小规模公共池塘资源在已有集体行动理论上找不到相应依据，于是在1990年发表的《公共事务的治理之道：集体行动制度的演进》中提出自主理论与公共事务治理制度理论。她着重指出，为处理公共池塘资源采取集体行动，必须处理提供新制度、可信承诺和相互监督等问题[151]。此外，奥斯特罗姆夫妇还提出经典分析框架——制度分析与发展框架与社会生态系统框架。学者们普遍认为公共产品的供给可视为一个集体行动问题，污染治理亦是在此范畴，有学者表示，该理论是探讨跨界流域治理地方政府间关系的工具之一[152]。

跨域水污染治理中集体行动理论的适用性主要体现在：集体行动理论可以较好地解释我国跨域水污染治理中地方政府的行为逻辑。从集体行动的逻辑角度出发，对于参与跨域水污染治理的地方政府而言，因为无法确切了解到邻地政府的治污想法，无法保证邻地政府能够坚持整体区域利益最大化目标，其很难率先直接为整体区域利益贡献力量；而即便无所贡献，也照样可以分享邻地污染治理的成果。因此，作为理性的个体，最优的选择就是什么也不做，寄希望于他人投入治理成本。这也正是跨域水资源领域"公地悲剧"现象比比皆是的根本原因。此外，集体行动的实现为未来跨域水污染的成功治理之道提供新思路。

三、博弈论

博弈论作为研究决策主体在相互作用下行为决策和决策均衡的模型方法之一，能够很好地模拟出不同领域的利益冲突，并且能够根据冲突特征得出切实可行的解决方案[153]。现代经济学家谈到博弈论，往往指的是非合作博弈理论，即无约束力的协议，这也是现代博弈论研究和应用的最主要领域。学术界普遍认为，现代博弈理论的基本思想始现于 20 世纪 50 年代。同时这也是博弈论巨人辈出的年代，典型如约翰·纳什（John Nash）、艾伯特·塔克（Albert Tucker）。纳什在 1950~1951 年定义了非合作博弈及其均衡解，并证明均衡解的存在。所谓均衡解，即纳什均衡，是指由全体参与者的最优战略所构成的一套战略组合[154]。塔克于 1950 年定义了囚徒困境，这是几乎每一本涉及博弈论的书都会讲到的案例。囚徒困境反映出个人理性和集体理性的矛盾，并引出发挥效力的制度安排与纳什均衡的关系。他们二人的著作在很大程度上为现代非合作博弈论打下了基础。随后，莱因哈德·泽尔腾（Reinhard Selten）于 1965 年通过对动态博弈的分析完善了纳什均衡的概念；约翰·海萨尼（John C. Harsanyi）在 1967~1968 年提出了关于不完全信息博弈的思想。这两种分析工具随即在 20 世纪 70 年代后被经济学家应用于复杂经济问题分析，尤其是非对称信息和动态行为分析。20 世纪 80 年代，博弈论迅速成为主流经济学重要组成部分[155]。

根据博弈方的理性程度，非合作博弈可分为完全理性博弈论和有限理性博弈论[156]。不管是哪一种类别，参与者、战略与支付组成了博弈的三要素：

参与者、行为与结果总称为博弈规则，博弈分析旨在利用博弈规则对均衡进行预测[157]。正如法国经济学家泰勒尔（Jean Tirole）所言，博弈论广泛地、深刻地改变着经济学家的思维方式。如今，博弈论已经成为经济学、管理学等学科中的基础性分析工具。譬如前文提到的集体行动理论，就不乏对博弈论分析工具的利用。罗伯特·阿克塞尔罗德（Robert Axelrod）就是一位代表人物。他将奥尔森理论视为"2 人 m 次性模型"，当博弈一方能够学习、模仿，双方将逐渐在博弈中采取合作策略[158]。博弈理论在环境治理领域亦得到国内外众多学者的广泛应用，诸如在雾霾治理、跨界水资源管理与保护、水资源分配[159]、水污染治理成本及生态补偿[160] 等方面。可以说，博弈论是关于竞争与合作的数学研究，为研究个体决策者的战略行动提供了一个框架，以制定更广泛的可接受的解决方案。

对于跨域水污染协同治理而言，博弈论方法运用的合理性在于：①演化博弈分析的合理性。由于跨域水污染治理的复杂性，地方政府不可能具备完全的理性，加之信息的不对称，地方政府的策略选择往往表现为具有试探性的学习过程。演化博弈则基于参与者有限理性建模自利个体策略更新过程，能够描述的是跨域水污染治理中地方政府在不断试错的过程中实现博弈的均衡结果。②微分博弈分析的合理性。在跨域水污染治理中，河流中污染量随着时间的推移有着不同特性。微分博弈将博弈理论扩展到连续时间上，能够充分考虑地方政府治污策略随河流水污染变化的调整。基于此，本书选择博弈理论作为探究中国语境下跨域水污染治理政府决策相关问题的分析工具。

四、协同治理理论

协同治理的产生源于对现实事务的回应。回溯协同治理的实践背景，自20 世纪 80 年代以来，全球许多国家面临经济滞胀、财政预算紧张甚至赤字、社会公共事务日益复杂化和难度化等现实挑战，"大政府、小社会"的管理模式越来越难以应对现实的挑战，进而有必要建立新型治理体系解决变革时代复杂的公共问题。在此背景下，在实践中探索政府与非政府部门合作的管理模式，协同治理应运而生。可以说，这否认了市场和政府之间非此即彼的两分法，也是公共管理模式不断尝试和错误调整的产物[161]。协同治理在实践领域的兴起随之引起学术界广泛回应，国内外学者从多视角、在多场域背景下对协同治理理论进行充分解读。本节对协同治理理论分析时不再对其概念着过多笔墨，而是结合已有界定，在分析差异的同时寻求共性，在弥合理论分歧中探讨协同治理的核心要义。正如第一章第二节相关内涵把握部分所言，尽管国内外学者从不同角度界定协同治理概念，但可以归纳的共识特征是：第一，协同治理参与主体的多元性。政府、市场、社会组织和公民个体都可以是参与的主体，每个主体都可以根据自己的资源在治理的过程中发挥和体现自己的权威性。第二，协同治理目标的公共性，即公共事务、公共问题、公共价值。第三，协同治理系统的协作性与动态性。协同治理各主体之间是相互协作的平等关系而非控制与被控制，彼此的利益与责任会随所处系统环境的不确定性而调整，直至系统再次达到新的平衡。第四，协同治理的机制性和协调性。协同机制抽象化了协同过程，能够对各主体之间的利益关系、权责边界及行为加以规范与约束。要实现协同增效，就必须协调协同治理子系统之间的复杂关系。

协同治理具有极强的实践性，尤其是在跨域性公共事务治理方面，当下中国环境保护、危机管理等方面已开始了协同治理的有益尝试。在跨域水污染中，跨域水污染与协同治理理论之间的耦合性体现在以下几方面：

第一，协同治理较好契合跨域水资源治理的生态需求，能够有效解决属地管理模式低效率以及水污染治理区域不均衡问题。囿于水资源流动性、地域性、自然统一性与行政区划刚性限制之间的矛盾和张力，加上地区发展阶段差异引发的区域地方政府治理理念和治理能力的差异，属地治理方式无法解决跨域水污染治理的低效率问题，亟须寻求新的治理方式。协同治理所蕴含的多元性、公共性、协作性等精神内核适配跨域水污染治理的生态需求；

协同治理所针对的公共问题往往跨越行政区划边界，这也意味着协同行动的参加者的多元性，需要打破跨域水污染治理属地治理的传统体制，构建跨域水污染协同治理体制机制，协同增效。

第二，跨域水污染治理涉及各区域政府多种利益偏好，协同治理能够发挥协调各方、平衡价值功能，促进各方共同理解及相互支持。跨域水污染是一个复杂性与棘手性很强的问题，归根到底是因为它所涉及的多个地方政府主体存在着各种利益偏好，由此形成的选择偏差往往成为跨域水污染治理的掣肘难题。正如谢庆奎所言，在利益、权力、财政和公共行政四重关系中，把利益关系放在首位是政府间关系的真谛[162]。与之相应，地方政府跨区域合作实际上是长期利益与短期利益之间的博弈[163]。在跨域水污染治理中，以经济利益和环境利益为例，地方政府对两者价值排序也存在差异化偏好选择，或者往往是从自己管辖范围内的局部利益出发来追求经济利益的最大化，甚至不惜牺牲环境利益，导致跨域水污染治理失灵，跨界污染屡见不鲜。正如协同治理理论框架所述，协同治理提供了一个多元主体合作共治的平台，使各个主体都能参与到决策中并表达自己的要求。因此，协同治理有利于缓解跨域水污染控制问题管理中的利益博弈与目标冲突。

第二节　跨域水污染协同治理基本理论

第二章第五节已勾勒出跨域水污染协同治理的基本思路，接下来，本节结合我国水污染治理现实国情，探究跨域水污染协同治理动因、政策实施，并以跨域水污染协同治理的典型——河长制为例，分析河长制对跨域水污染治理的具体影响，以此评价跨域水污染协同治理效果，基本理论具体内容如图3-1所示。

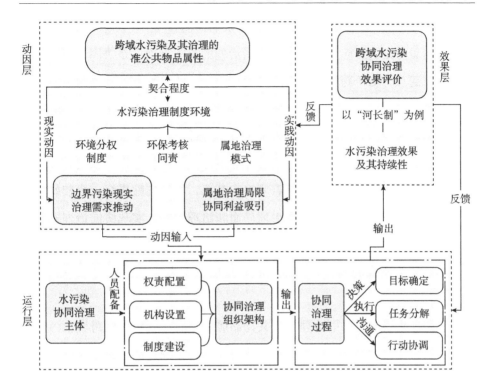

图 3-1 跨域水污染协同治理的基本理论

资料来源：笔者绘制。

一、协同治理动因

正如第二章第五节研究思路部分所言，对于跨域水污染协同治理而言，应该从跨域水资源及其污染治理的物品属性，即准公共物品属性视角探究其协同治理动因。图 3-1 中动力层清晰阐述了协同治理动因分析路径：首先，从公共物品属性切入，分析跨域水资源及其污染治理的准公共物品属性及其衍生问题，以及与我国现行水污染治理制度环境之间的契合程度；其次，由契合程度探讨协同治理的现实动因和实践动因，即边界污染现实与治理需求推动、属地治理局限与协同治理吸引两方面。

（一）跨域水资源及污染治理的准公共物品属性

在纷繁复杂的影响因素中寻找协同治理的基本动因，是协同治理分析框架的逻辑起点。对于跨域水污染协同治理而言，涉水地方政府的积极参与即协同动因是其实现的基础。若没有协同动因，协同治理便是"空中楼阁"。本书认为，探寻协同动因不能仅局限于分析外部条件，更重要的在于研究对象的本质属性，以及研究对象与置身外部条件之间的相互影响如契合性或冲突性。因此，对研究对象的分析需要追本溯源，物品属性成为一个较好的切入视角。基于我国当前的水污染治理局面和治理现实，实现协同治理需要从跨域水资源及污染治理的公共物品属性，以及公共物品属性衍生问题与现行污染治理制度环境的契合程度或不相容程度层面考察触发协同治理的驱动力量。

从跨域水资源及污染治理的公共物品属性来看，政府提供跨域水污染治理服务符合其内在要求。如本章第一节对公共物品理论的讨论，跨域水资源及污染治理属于典型的跨域性公共事务，具有明显的准公共物品属性，进而衍生出水资源使用和治理上的诸多问题，如外部效应和"免费搭乘"。对水资源与污染治理来说，可以将其划分为污染负外部性与治理正外部性，当负外部性不存在支出成本或正外部性不存在补偿时，称为"市场失灵"。与此同时，水资源又是非排他性的，有些人利用它在不用付费的情况下也可以从中获利这一现象，就是所谓的"免费搭乘"行为。此种行为使人们不愿对公共水资源进行生产或精心管理，均从自身经济利益出发对水体进行免费排污，从而导致超出水环境自净能力而造成水环境污染或者水资源破坏。因此，政府需要承担提供污染治理服务的责任以克服外部性。

从跨域水资源及治理公共物品属性衍生问题与现行污染治理制度环境的契合程度或不相容程度来看，实践中跨域水污染治理模式所涵盖的内容理应依据准公共物品属性的现实需求进行与之吻合的设计与研究。如若两者出现不相符或者冲突，则意味着需要新的变革性的治理模式。就我国跨域水污染治理的实践来看，需要考虑环境分权制度、属地治理模式以及环保考核问责等与水资源及污染治理物品属性之间的契合程度。促使各地方政府采取行动参与跨域水污染协同治理的各种作用力便是源自这种契合程度。对契合程度的判断不仅需要理论层面的分析，更需要实证层面的检验证明。

（二）水资源边界污染是驱动协同治理的现实动因

从我国水污染的现实问题来看，我国水资源及污染大多具有跨行政区的特点，而行政边界行政区又常常是跨界水资源冲突相对集中的区域。借鉴 Koeske 等[164] "压力源—压力—结果"分析框架，本节构建契合我国地方政府决策环境的"压力—回应—结果"模型（见图3-2），在探讨跨域水污染以及治理物品属性的基础上，结合环境治理分权制度分析地方政府环境决策所面临的制度约束和激励条件，在一定程度上揭示跨域水污染协同治理的基本动因。

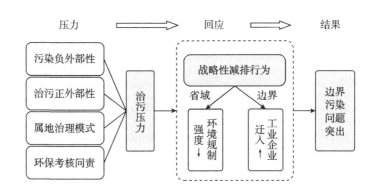

图3-2　边界污染的理论分析

资料来源：笔者绘制。

以省级政府为例，各省、自治区、直辖市政府是水污染治理的执行主体，其行动逻辑实际上受到污染及其治理的物品属性及制度环境的重要影响。主要考虑：第一，跨域水污染及其治理的外部性。由公共物品理论的讨论可得，跨域水污染具有负外部性，而污染治理具有正外部性。如果把跨域水污染所涉区域划分为污染起源地与受污染影响地，对于前者而言，控制本地污染并惠及其他区域不一定是合理的；而后者承担污染的成本却没有得到污染行为带来的收益，既无激励也没有办法对管辖区域外的污染源进行有效治理，或者说在环境治理执行中存在困难。因此，水污染可以跨越行政区划范围，这种外部效应使水域任一地方政府均没有足够的动力主动治理污染。由跨域水资源及污染治理的外部效应所引发的地方政府治理行为选择及其污染的"公地悲剧"现实问题成为亟待解决的公共难题。第二，属地治理模式。由于行政区划边界和河流自然边界并非匹配，河流污染具有跨域性、无界性、外溢性等特征，属地治理难以破解行政边界地区河流污染责任追究难题，易出现地方保护主义与环境负外部性退化。另外，在水污染治理具体实施方面，水利部门、环保部门分别负责水资源管理与保护、环境保护、水污染治理等工作，住建部门、农业部门、林业部门、发改部门、交通部门、渔业部门、海洋部门还承担相应领域水相关产业分类管理职能[165]。由于职权所限，环保部门常常很难协调和管理多部门活动，分散的管理体制造成了水资源管理体制"多龙治水"的局面。多部门之间职责不清、协调不力，难以对省域边界河流污染形成真正的协同治理。第三，环保考核问责。地方官员政绩考核内容经历由"经济增长核心"向"纳入环境指标考核"转变。生态环境被纳入政绩考核范畴，成为地方政府环境治理的动力来源。然而，环境保护指标虽被列入官员考核，但并没有改变环境保护与经济增长等政策目标之间的冲突，经济发展以及财政激励使省级政府不得不考虑自身财政收入和地方经济利益。省级政府仍然面临经济增长和环境治理的双重压力，因此在跨省河流治污的过程中，省级政府往往选择与经济增长不存在明显冲突的治污方式。

地方政府的行为和制度环境的要求是紧密耦合的。在污染治理压力下，面对极其有限的环境规制资源，策略性治污可能是省级政府配置环保指标，实现环境绩效的一种行为选择。环境治理分权制度赋予了省级政府相当程度的自我决策权，并允许重点流域所涉省级政府将本辖区省级指标逐级分解到下一级市县。省级政府可以通过非均衡地分配有限的环境规制资源，差异化不同地区的环境规制强度。对于省域内部地区而言，河流污染治理的效果有利于整个省域；而对于省域边界地区来说，河流污染治理收益无法被当地政府内在化。在此情形下，省级政府可以通过非均衡地分配有限的治污资源，差异化不同地区的治污强度——省域内部分配较多的治污资源、省域边界分配较少的治污资源，在避免正向溢出的同时，利用河流污染的负向溢出尽可能增加相邻地区被问责的可能性，以此降低本级政府被问责的风险。

同时，污染企业会主动利用省域内部与边界城市环境规制的差异来调整其生产活动，表现在高污染企业为逃避环境规制而向省域边界转移生产活动。这一点已得到现有文献的证实：以河北省为例，Duvivier 和 Xiong[166] 发现相比于内陆县，边界县对污染企业而言是更有吸引力的目的地；Cai 等[60] 针对我国 24 大河流进行了调查，发现 2001 年以后位于一个省份河流下游的县域污染性行业较其他县域高 20% 以上。对于省级政府来说，其拥有限额以下项目投资的审批权，同时也依赖企业的纳税贡献及对当地经济 GDP 的贡献。

基于此，本书提出如下假设：

假设 3-1a：相对于省域内部，省域边界河流污染更为严重，跨域水资源治理存在边界污染现象。

假设 3-1b：相对于省域内部，省域边界河流污染治理力度较弱，地方政府在跨域水资源治理上存在策略性减排治污行为。

（三）属地模式局限是驱动协同治理的实践动因

从我国水污染的治理实践来看，各地普遍采用以区划空间为基础的水污染属地治理模式。这一模式在《环境保护法》《水污染防治法》中均能找到相应法律依据。就我国环境管理体制而言，早在 1989 年颁布的《环境保护法》就有规定，这就形成了我国"条块管理"格局的环境管理体制。所谓"条"，就是由中央延续至基层的各级环境保护部门，"块"就是以地方政府负责人为中心的地方环境保护部门。"条"与"块"相互融合,形成"以块为主体、条块相结合"的环境属地管理模式。水污染属地治理模式是我国"条块管理"模式的环境管理体制在水环境领域的具体表现。"如何理解属地治理模式"作为一个具有多重蕴含的概念,无论属地管理是解读为基本的治理单元,还是作为行政体制,抑或是责任落实机制,治理单元、政府管辖责任都是其基本要素[167]。水污染属地治理模式亦如此。一方面,水污染属地治理是以某一地理空间作为基本治理单元;另一方面,水污染属地治理以一定的地理空间划分不同层级属地政府的管辖责任。对于跨域水污染情境而言,污染成因复杂且涉及多元主体,这给更擅长解决辖区内部问题的属地治理模式带来新的挑战。换言之,水污染治理的属地治理模式能够在本辖区发挥积极作用,但在跨域污染情境下存在相应的脆弱性。

第一,属地治理模式无法较好解决跨域水污染外部性问题。环境治理属地模式的法律依据可追溯至《环境保护法》。就治理单元来看,各级政府的辖区管控范围即行政区域是水污染属地治理的基础。由于行政区划边界和河流自然边界并非完全匹配,河流污染经常呈现跨域性、无界性、外部性等特征。当某一行政区域水资源受到污染,污染将在水资源天然流动性作用下转移到河流下游各处,给相邻地区带来污染负外部性。加上跨域水污染治理效用的正向外部性,地方政府在污染治理上普遍存在"免费搭乘"偏好。因此,以行政区划为原则的属地治理方式与水资源地理整体性、生态系统性的供给要求形成鲜明矛盾。

第二,属地治理模式不能充分调动地方主体的治污积极性。在属地治理模式下,地方政府对水污染治理关键内容方面,如治理时间、措施、力度等拥有较大决定权。从经济发展和污染治理的权衡角度来看,地方政府担负着经济发展相关的政绩考核要求及水污染治理的职责。水污染问题普遍与传统工业化模式的高消耗、高排放固有特点密切相关。在发展方式未能根本转变的情况下,维护水环境生态权益往往会遭受经济发展的不利影响。在上级监管缺失或考核力度较弱的情况下，地方政府往往倾向于选择前者，而对于水污染治理相关措施执行动机和执行力度相对较弱。若单独分析水污染治理，从污染治理意愿来看，会受水污染负外部性及治理正外部性因素影响，在缺乏利益协调和约束机制的情况下，地方政府主动进行污染合作治理的意愿并不强烈，普遍会选择消极应对或者"免费搭乘"的应对策略。

第三，属地治理模式无法避免跨域水污染治理低效率。水环境生态的整体性、系统性内在要求水污染治理需要跨地方行政区划的配合。而在属地模式下，地方政府在水污染治理方面普遍形成"各自为政"局面，存在跨域合作困境。从污染治理能力来看，即使是毗邻的两个地区也会由于各自的经济发展、资源要素等外部环境异质，而在水污染治理能力、制度规范等方面差异明显或者自行其是，如水污染防治法规、防治政策、防治标准不同步出台等。就京津冀地区而言，该地区缺乏连贯统一的治污规划、技术和标准规范，流域层面上下游统筹工作需要进一步深化，跨界责任落实也不到位[168]。因此，即使某一地方投入大量资源积极治理水污染，也会因相邻地区水污染治理行动滞后、标准差异引致的污染转移而收效甚微。

基于此，本书提出初步理论观点：属地治理模式无法较好契合跨域水污染治理的生态需求，属地管理权限约束与水资源的系统性、水污染的跨域性存在矛盾，催生地方政府进行跨域水污染协同治理。在后续内容中，将采用更为具体的分析方法——博弈分析从治污行为及效益比较视角对此观点进行模型检验。

二、协同治理政策实施分析

图3-1中运行层进一步阐述跨域水污染协同治理的政策实施内容，涵盖协同治理主体与协同治理组织架构、协同治理过程之间的联系。与第二章第五节研究思路相对应，协同治理政策实施模块包括多维治理主体和协同治理依据两部分。其中，多维治理主体部分阐明的是跨域水污染协同治理的多维

主体，即由谁来协同治理问题。协同治理依据部分阐明的是跨域水污染协同治理的具体实现过程，即如何协同治理问题。

（一）跨域水污染协同治理主体

根据协同治理理论，多元治理主体共同参与决策制定，协同解决公共问题。所谓多维主体，既包括公共部门，也涉及企业、社会组织和个人。作为一种以目标为导向而非偶然性的协同关系，跨域水污染协同治理需要处理好政府、企业以及社会组织和个人在协同治理当中的位置与关系。因此，虽然本书研究的是地方政府与地方政府之间的协同治理，但列出了跨域水污染治理的主要利益相关者，分析地方政府与其相互关系，有助于明确政府协同治理的角色定位。

从跨域水污染治理的利益相关者来看，政府主体包括中央政府和地方政府，企业主体可分为国有企业、外资企业及中外合资企业等，社会主体涵盖公众、社会组织等。利益相关者之间的相互关系经排列组合后可形成多重分类。鉴于协同治理极强的实践性特征，协同治理主体及主体间的关系架构应视具体情况而定。在我国跨域水污染治理的实践语境下，政府部门、市场组织（企业）和社会公众是常见的协同治理多维主体格局，但后两者所掌握的资源，能起到的作用和活动空间仍然相对有限。因此，政府主导型是契合当下的环境治理范式。强调政府的主体地位，以政府协同治理作为跨域水污染协同治理的实践路径更加符合中国环境治理的实际。强调政府协同治理并不意味忽略市场和社会的作用，借助后两者的力量可以实现政府承载压力尤其是财政压力的分流，在减轻政府负担的同时为污染治理提供各自资源优势。政府的主导地位及其独特的功能优势和资源条件体现在以下两个方面：一方面，政府以其所拥有的独特资源，常常成为协同治理的对话机制与机构的提供者，维持信任关系的关键力量。跨域水污染中不同地区或主体间既有的冲突或矛盾，往往会阻碍或限制主体间的协同治理行为。协同治理理论强调权力和资源的均衡配置，以及重视领导者的特殊作用。政府能够为跨域水污染协同治理提供稳定的政策和法律环境，这种作用在当前其他治理主体中还不可能存在或不可能完全存在。另一方面，政府通过纵向跨层级和横向跨部门的协同有机整合内部治理力量，通过转移与重组政府财权与事权关系[24]，摆脱刚性部门职责划分与行政区划而形成的碎片化治理困境，有效回应跨域水污染整体化治理需求。

具体而言，将协同治理多维主体的协同流程精简阐释在图 3-3 中，揭示跨域水污染治理主体的相关关系及协同合作的形成机理。首先，中央政府在其中起到宏观调控及监督作用。跨域水污染协同治理中多元主体的协同合作离不开中央政府的顶层机制设计。例如中央政府针对跨域水污染治理问题出台相应政策文件，为开展跨域水污染治理提供法律支撑，或者组建独立权威的跨域水污染协同治理机构，为多元主体提供稳定交流平台。其次，在中央政府的宏观调控下，地方政府不仅需要与邻地地方政府共同协作、相互配合，实现区域间府际协同（见图 3-3 中虚框 1）；而且需要有机整合本辖区内部各层级以及分散的部门力量，实现区域内跨层级跨部门协同（见图 3-3 中虚框 2）；此外还需要与本地企业、社会公众沟通交流，透明化政府污染治理决策，实现污染治理内外联动（见图 3-3 中虚框 3）。最后，在彼此间有效沟通和充分交流的基础上，跨域水污染沿线地方政府、企业和社会公众通过角色合理分配，建立相互信任的协同关系，进而根据自身功能优势和资源条件采取相应的协同行为。

（二）跨域水污染协同治理依据

协同治理理论强调对跨域性公共事务进行有效治理，需要地方政府之间以及相关主体之间的协同配合，但是这种协同配合不会自发地积极实现，需要通过合理的制度设计，促进相关参与主体在跨域公共事务治理目标、行动、过程上具有一致性。正如 Krasner[169] 的定义，管理体制介于基本的因果要素和相关的结果之间，是行动者期望在给定议题领域中的隐性和显性原则、规范、规则和决策程序。在我国跨域水污染治理的实践语境下，强调政府的主

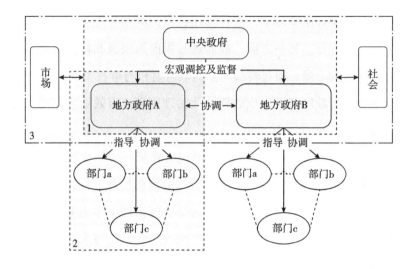

图3-3 跨域水污染协同治理主体协同流程

资料来源：笔者绘制。

体地位，以政府协同治理作为跨域水污染治理的实践路径更加符合中国环境治理的实际。政府之间协同流程的实现需要相应的组织载体和程序支撑，这将涉及协同治理依据部分的内容。本节从组织架构和治理过程两方面揭示协同治理的运行机制。就二者关系而言，组织架构与治理过程内在关联、密不可分。组织架构是治理过程的载体，即为实现多主体协同行动而设计的结构性安排，对治理过程具有限定作用；治理过程既是组织架构的部分反映，又促进了组织架构在实践中的调适、变革。

任何行动者无不受结构之规定，组织架构部分主要探讨的是多维治理主体之间结成的权力关系，具体内容涉及协同治理组织机构、职能配置、参与主体、制度建设等。组织架构为跨域水污染协同治理活动提供有力的承载场域，既是支撑协同动因的力场所在，又是协同治理主体开展对话协商的话语场所[170]。以我国跨域水资源管理的典型代表——流域管理为例。生态环境部已设立六大区域督察局（包括华北、华东、华南、西北、西南、东北），组建七大流域生态环境监督管理局，作为生态环境部派出行政机构，其职责就包括处理跨界环境问题。

协同治理过程则是协同动因及主体传输并作用于组织架构的工作全流程，是包括决策、行动、沟通等方面在内的流程体系。治理过程是指在治理主体认可接受协同治理理念的基础上，以平等地位参与污染治理，通过沟通和信息交流实现污染治理目标与行为协同的过程。治理过程围绕协同治理的具体运行过程展开，是治理主体为组织共同利益进行的分工，侧重于实现协同的程序性安排，包括协同工作中的方法与步骤、协同目标的确定、协同任务的分解，与协同行动（Collaborative Action）有异曲同工之意。在协同治理背景下，协同行动的目标是通过多元主体之间的无缝隙协作行动实现治理结果整体功能的放大行动愿景；它具有明显的工具性质，往往是为了实现任何组织都不可能独自实现的目标[171]。可以说，跨域水污染协同治理过程体现为治理主体围绕权责获取与行使、资源配置等要素进行的互动。

三、协同治理效果评价

效果评价阐明的是跨域水污染协同治理的最终产出，即协同治理效果如何问题。图 3-1 中效果层对跨域水污染协同治理的效果进行评价。

（一）跨域水污染协同治理效果评价

效果评价，是指通过运用科学的标准、程序和方法，对协同治理的产出或结果作出准确评价的过程。对于跨域水污染协同治理效果评价的具体表现而言，主要是环境治理效果。明确各级主体在跨行政区域水污染协同治理中的责任目标是推进效果评价的逻辑前提。《中华人民共和国水污染防治法》中规定的水环境保护目标责任制不仅是评价政府合作治理行动的基础，而且是衡量政府合作治理水污染能力的尺度。具体的水环境保护目标及相关考核指标设定是其核心内容。在我国，水环境保护目标设定经历了从"污染物排放总量控制目标"到"环境质量改善"的转型。总量控制管理模式下，水环境保护目标局限在若干单项污染物，如化学需氧量、氨氮等，污染物减排在取得阶段性的进展的同时，亦暴露出单项污染物减排和总体环境质量改善的同步性不足，以及官方考核和公众感知的巨大反差[172]。党的十八届五中全会提出生态环境质量总体改善是全面建成小康社会的一个目标要求，环境质量改善就成了我国环境保护工作的核心理念，与之相对应的是确立了以环境质量改善为中心的环境保护目标责任。因此，本书中跨域水污染协同治理环境治理效果的主要表现即为通过政府协同治理调节不同环境利益的冲突与矛盾，实现水环境质量的实际改善程度。

关注治理效果是确保跨域水污染协同治理能够长远发展的内在要求，其原因在于，效果评价并非意味着协同治理的结束，效果评价的结果将直接或间接地反馈到包括多维治理和制度安排在内的整个协同治理运行机制，并根据评价结果与协同治理的共同目标的对照与评价不断优化跨域水污染协同治理过程。在评估结果达到预期效果后，治理主体将继续沿着原确定的目标执行并协同进行；在评估结果与预期效果不符时，治理主体将完善生态责任目标并促进治理主体间再协同互动以达到较好效果。换言之，它能够以评价效果的方式实现对政府及其相关部门履职责任的激励和约束，并就效果问题承担后果的压力推进跨行政区多主体治理行为的有效协同。

（二）河长制对跨域水污染治理的影响

河长制是政府间跨域水污染协同治理中的一个典型实例，下面将分析河长制对于跨域水污染治理及其长期效应的影响，并将其作为政府跨域水污染协同治理成效评估的替代方案。在诸多的环境制度和政策中，之所以选择河长制作为跨域水污染协同治理的代表性案例，主要原因在于：第一，河长制具有跨域水污染协同治理的典型特征，实现治污责任在政府不同层级不同部门的横向和纵向协同，包括省域内部和跨省联动两方面。第二，河长制的实施地区最为广泛，开展的持续性较长。相较于某些暂时性或应急特征的水污染协同治理项目，河长制自地方首创以来一直没有被暂停或终止，这种持续性开展具有较好的研究价值。第三，河长制的影响力广泛而深刻。河长制不仅能够在地方政府之间得到普遍认可，而且受到中央逐步认可，上升为我国河湖治理的国家意志。

地方政府是跨域水污染治理的主要实施者，污染治理的效果与其环境治理行为密切相关。河长制对跨域水污染治理的影响主要是通过改变地方政府环境治理行为的渠道作用实现的。以跨省河流污染治理为例，根据河长制的组织形式、工作职责、主要任务以及考核问责等内容，将河长制对河流边界污染治理的影响归纳为以下三个方面：

一是河长制通过地方领导包干实现河流治污责任制度化清晰化。河长制的核心是行政首长负责制，在组织形式上党委（政府）主要负责人为各级河长，对相应的河湖管理与保护进行组织领导，涉及水资源保护、水污染防治、水环境治理等。河长制通过组织制度建设实现河流治污责任制度化配置，将辖区河流污染治理的主体责任落实到地方核心官员，确保每条河湖都有负责人，实现治污任务责任清晰化，切实解决河流治污"谁来负责"的问题，有利于实现河流污染外部性内在化，压缩跨界污染的空间。如果从不同级次政府治污职权配置来看，河长制的本质是环境分权[173]，地方政府可秉持其信息优势与成本优势，合理配置地方资源，提高流域污染各类信息收集和污染治理执行效率。

二是河长制依托高位领导协调跨区域、跨部门协同参与河流污染治理。跨省河流污染治理需要跨省域和省域两维度的治理主体协同参与。跨省域一级，明确跨行政区域河湖管理责任，统筹上下游，左右岸联防联控为河长职责。水利部牵头组建的部际联席会议制度为跨省河流协调治理提供合作平台。以明确跨行政区域河湖管理责任为基础，借此契机，构建上下游、左右岸联防联控机制以有效缓解环境污染外溢性带来的地方政府间激烈竞争关系。在省域层面，省域治理主体主要是省级及以下政府及部门。省级党政领导作为地方河流治理工作的核心责任主体，通过职位权威与组织权威叠加，大大提升了河流治理的整合力与执行力。在不突破现行"九龙治水"的权力配置格局下，通过采取指导、协调和监督等方式整合分散的部门力量，有效地促进多个相关职能部门之间的协调与配合。

三是河长制通过强化考核问责激励地方治污。绩效考核是增加地方政府治污压力、提升地方政府治污主动性和积极性的重要途径。河长制是既有的环保问责制在水资源保护领域的细化规定，强化考核问责是其制度优势之一。从河长职责来看，各级河长负责督导相关部门和下一级河长履职情况，并对目标任务完成情况进行考核。从考核问责方式来看，包括差异化绩效评价考核、领导干部离任审计制度、生态环境损害责任终身追究制，以及提醒、警示约谈、通报批评、提请问责等方式。对河长制的严格考核和责任追究逐步强化了河流环境问责的刚性约束，在一定程度上具有提升地方政府河流污染治理内在动力的效应，激励其积极开展污染治理工作。在河长制成效生成的整个逻辑链上，以问责倒逼地方领导调度注意力和资源是关键，有效问责成为河长制功能发挥的重要影响变量[174]。许多经验证据显示，中央政府或者上级政府的环保考核能够向地方官员施加压力，并对环境治理的改善产生正面影响[175]，更加严格地监督环境管理有助于提升地方政府环境治理水平与成效[176]。

基于此，本书提出如下假设：

假设3-2a：河长制实施能够协调河流边界污染治理，实现"以邻为壑"到"守望相助"的转变。

河长制为解决中国国情下的协同治理问题提供了有效的水资源管理制度，但其长期效益和可持续性仍有待确定。在七大流域检视河长制的运行中，发现其面临不完善的监督和考核机制，主要体现为自我考核问责机制缺乏有效外部监督。有研究指出，政府内部问责不力，社会问责缺失，是导致环境问题不断出现的主因[177]。纵观各地政府已出台的河长制考核问责办法，问责的主体一般是河长责任主体的上级。如山东由省总河长（或省副总河长）考核市级总河长，省河长制办公室各成员单位和省级河长考核对应河湖的市级河长，宁夏则由自治区总河长（副总河长）负责市级河长制工作的年度考核。这是一种行政层级内部以自我监督、自我考核、自我问责为主的机制，更多地体现为权力内部监督，缺少来自外部的监督制约[178]。河长制监督和考核的不完善将对流域污染治理产生负向影响，主要表现为以下两方面：

其一，无法保证河长制考核结果的公正性，难以有效落实河长制效力。如前所述，河湖管理和保护的权责均掌握在地方政府手中，其中就涉及对河长制实施情况的检查验收。当缺乏外部有效监督时，地方政府在河长制的考核、检查验收过程中进行虚报的空间就越大。根据中央环保督察组发布的意见反馈，部分地区河长制考核工作流于形式。弱化甚至流于形式的考核工作无法有效保障河长制的真正贯彻落实，从而影响流域污染治理绩效[179-181]。

其二，可能引发地方政府选择性治理的行动偏好。即基于不同类型污染源特征和治理难度做出利己决策，选择某一类污染源进行优先治理，以获取优势或避免惩罚。在环境治理委托代理链条中，信息不对称、难以全方位监督等问题的存在，使考核评价成为上级政府控制下级地方政府治理行为的有效手段。在外部监督机制缺位的情况下，地方政府在推进河长制、落实源头治污措施时存在选择性治理空间，其更倾向于选择那些容易测度或监督的治理任务。选择性治理有悖于河长制工作的污染源综合防治任务导向，致使流域污染治理出现非均衡性或短期效应。

基于此，本书提出如下假设：

假设3-2b：河长制对河流边界污染治理的影响存在时间异质性，在效果可持续方面存在不确定性。

综上所述，汇总跨域水污染协同治理的基本理论，如图3-4所示。其中，设立假设3-1a、假设3-1b是为了揭示跨域水污染边界效应的存在性，旨在结合跨域水污染属地治理局限性，探寻跨域水污染协同治理动因，属于动力层内容；跨域水污染协同治理政策实施部分旨在描述协同治理主体和依据，属于运行层内容；设立假设 3-2a、假设 3-2b 是为了进一步检验跨域水污染协同治理的效果，属于效果层内容。

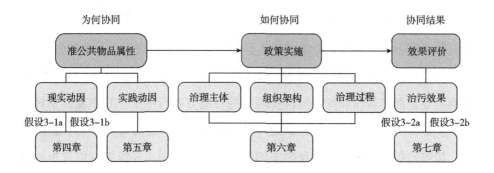

图 3-4　基本理论与章节逻辑

资料来源：笔者绘制。

第四章　跨域水污染协同治理的现实动因：基于边界污染的存在性

本章聚焦于协同治理的现实动因，从边界污染效应及其治理需要切入，基于地方策略性减排动机及行为视角，结合七大流域水质监测站数据，实证检验边界污染的存在性。本章结构安排为：首先提出特征事实；其次进行研究设计，包括数据来源、变量选取、模型构建等；最后进行实证结果分析，包括基准回归、稳健性检验、内生性处理、影响机制检验以及环保考核压力与边界污染的拓展性讨论等。

第一节　边界污染特征事实

跨域水污染治理涉及环境治理、区域经济、社会发展等综合问题，始终是环境保护的核心内容。从"九五"时期开始的"三河三湖"重点流域综合整治，到"十三五"时期的水污染防治重点流域，涉及七大流域以及浙闽片河流、西南诸河、西北诸河。经过五期五年的重点流域水污染防治规划实施，水污染治理效果初显，但水生态环境质量与人民群众的新需求、新期待仍然存在较大差距。尤其是在省域边界地区，河流污染问题依然存在。《全国地表水水质月报》（2014 年 4 月开始将流域省界断面水质信息纳入月报内容）数据显示，2014 年 4 月至 2015 年 4 月黄河、淮河、海河、辽河省界断面水质总体表现为轻度—中度—重度程度不等污染。从跨域范围来看，既包括省域内部跨地级市水污染，又涉及跨省域水污染。

在开展实证检验之前，通过描述性统计方式初步分析我国七大流域省界地区水质状况，以期为跨域水污染边界效应提供初步的证据。图 4-1 为 2008~2018 年我国七大流域主要断面水质指标周均值变化。从中可以发现一个明显的现象：从年度趋势来看，即使七大流域省界地区的水质指标数值在逐渐降低，但在不同时期内无论是化学需氧量（COD_{Mn}）还是氨氮（NH_3N），省界地区的均值均显著高于非省界地区，即省界地区河流水质要差于非省界地区。进一步绘制 2008~2018 年七大流域水质指标核密度分布曲线（见图 4-2）。可以发现，从整体趋势来看，相较于非省界地区，省界地区河流水质分布曲线右偏

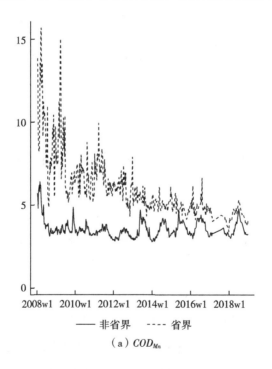

（a）COD_{Mn}

图 4-1 2008~2018 年七大流域水质指标周均值变化

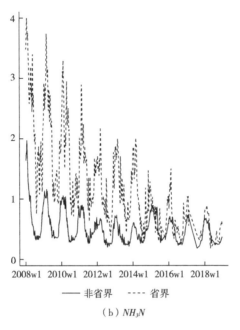

（b）NH_3N

图 4-1 2008~2018 年七大流域水质指标周均值变化（续）

注：2008w1 表示 2008 年第 1 周，有效样本时间跨度为 2008~2018 年，共计 470 个周。

资料来源：笔者根据中国环境监测总站《水质自动监测周报》绘制。

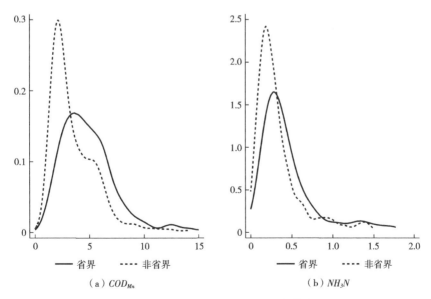

（a）COD_{Mn} 　　　　　　　　（b）NH_3N

图 4-2 2008~2018 年七大流域水质指标核密度分布

资料来源：笔者根据中国环境监测总站《水质自动监测周报》绘制。

态势明显，说明大多数省界地区河流中 COD_{Mn} 和 NH_3N 含量聚集在较高水平，辅助证实省界地区河流水质低于非省界地区。由此可见，跨域水污染边界效应得到基本事实的初步支持。

第二节　研究设计

一、数据来源

本章所使用的数据主要包括以下两个部分：

一是 2008~2018 年我国七大流域水质数据，涵盖主要流域重点断面水质状况、断面位置信息等，来源于中国环境监测总站（http：//www.cnemc.cn/）公布的《全国主要流域重点断面水质自动监测周报》（目前更新至 2018 年）。截至 2018 年，中国生态环境部在七大流域主要断面已经建设了 110 个水质自动监测站，分布于 24 个省份，包含 39 个省界监测站。考虑到样本的可比性，剔除直辖市样本，只保留地级城市样本。数据样本覆盖七大流域 97 个水质监测站点所在 20 个省份（因样本数据缺失，西藏、香港、澳门、台湾的样本数据暂未涵盖）的 76 个地级市（地区、自治州、盟）。

二是地级市层面的经济社会及地理气候数据。其中，经济、社会、人口、地理等数据主要来源于《中国城市统计年鉴》；气候数据源自各省统计年鉴，并通过检索后知气象平台官网（http：//hz.zc12369.com/home/）对部分地级市缺失的气候数据进行补充。

将主要流域重点断面水质自动监测周报数据转换为年度数据，利用城市和年份将这两部分数据进行匹配。由于水质监测站点年度个数差异以及监测站点设备维修、河流断流期等原因，最终形成包括水质监测指标和地级市经济社会地理气候数据的非平衡面板数据，有效样本时间跨度为 2008～2018 年。

二、模型构建

（一）边界污染检验模型

重点流域水质监测站点的设置充分考虑了行政区域的边界问题，为厘清省域边界水污染问题提供了良好的研究视角。借鉴已有研究对边界效应的检验思路，通过考察边界地区虚拟变量回归系数判断边界效应的存在性。同时考虑到水污染存在时间累积效应，故将污染水平的一期滞后项纳入模型中。因此，为了检验第三章第二节所提假设 3-1a，模型具体形式设置如下：

$$Pollutant_{i,t} = \alpha + \beta Border_{i,t} + \gamma Pollutant_{i,t-1} + \delta X_{i,t} + u_i + v_t + \varepsilon_{i,t} \tag{4-1}$$

式（4-1）中，i 代表水质监测站，t 代表年份。$Pollutant_{i,t}$ 是河流污染的评价指标，指标值越大，意味着水质越差，水污染治理成效越差。$Border_{i,t}$ 为水质监测站点省界变量，当其为 1 时，表示该水质监测测点位于省界上；当其为 0 时，则表示其他情况。估计系数 β 表示省级行政边界对于该地区河流污染影响的平均效应，若 β 显著为正，则表明相对于省域内部，省域边界河流污染更为严重，证明跨域水资源污染治理存在边界污染现象。$X_{i,t}$ 为可能影响河流污染的控制变量，包括地区经济发展水平、工业化程度、人口因素、地方政府竞争、区域行政面积、降水量、气温等，模型同时控制了地区效应（u_i）和时间效应（v_t），$\varepsilon_{i,t}$ 为残差项。

（二）策略性减排检验模型

根据第三章第二节基本理论分析，地方策略性减排是边界污染效应产生的主要原因。为了检验省级政府是否存在策略性减排行为，从而推动边界污染效应，即检验第三章第二节所提假设 3-1b，构建如下：

$$ER_{j,t} = \alpha + \beta Border_{j,t} + \gamma ER_{j,t-1} + \delta X_{j,t} + u_j + v_t + \varepsilon_{j,t} \tag{4-2}$$

式（4-2）中，被解释变量 $ER_{j,t}$ 表示地级城市 j 环境规制强度。若策性环境规制力度不同是导致边界污染效应产生的主要原因之一，则省级政府策略性减排动机作用下边界地级市环境规制力度应相对更低。

进一步分析，从环境规制与企业转移角度来看，如果企业遵从高强度环境规制成本大于集聚经济收益，企业将转移至规制力度较弱的区域。可以预期，省级政府的策略性行为会潜在影响企业的选址布局，从而使省界边界地区的工业企业数量相对明显增加，推动边界污染效应的形成。为此，构建如下待检验模型：

$$Firm_{j,t} = \alpha + \beta ER_{j,t} + \delta X_{j,t} + u_j + v_t + \varepsilon_{j,t} \tag{4-3}$$

式（4-3）中，被解释变量 $Firm_{j,t}$ 表示省界水质监测站所属地级城市的工业企业数量变化情况。如果省级政府的策略性行为会潜在影响企业的选址布局，那么在策略性减排动机下，随着省界城市的环境规制强度的降低，将会吸引更多的新建企业迁入。

三、变量选取

（1）河流污染水平（*Pollutant*）。使用七大流域重点断面水质监测站点的年度平均化学需氧量（高锰酸钾法）（COD_{Mn}）和氨氮（NH_3N）浓度指数测度河流污染水平。这是评价河流污染常用的重要指标，分别反映河流受有机物等还原性物质污染、氨氮污染的程度，其数值越大，说明河流污染愈发严重。

（2）边界变量（*Border*）。水质自动监测周报同时提供各个站点的地理信息，包括具体位置以及是否位于省界等。将水质监测站点省界变量设为0~1变量，当其为1时，表示该水质监测站点位于省界上；当其为0时，表示其他情况。

（3）环境规制水平（*ER*）。为实现上述对省级政府策略性减排引发边界污染路径的讨论，需要构建合适的地级城市环境规制变量。归纳现有研究对地级市环境规制程度的衡量，其方法可以分为以下几类：基于污染物排放量[182,183]、污染物去除率[184]计算综合指数；利用环境违法企业数[185]、政府工作报告中与环境相关词汇出现频数[186]等构建代理变量；利用"两控区"政策进行准自然实验[187]等。考虑到地级市层面数据的可获取性，借鉴董直庆和王辉[183]的思路，采用污染物排放综合指数衡量地级市环境规制强度。

具体构建思路如下：①标准化处理单位产值污染物排放量：$DE_{jz}^s = [DE_{jz} - \min(DE_z)] / [\max(DE_z) - \min(DE_z)]$。其中，$DE_{jz}$为地级市 j 污染物 z 的单位产值排放量，主要计算工业废水、二氧化硫两类污染物，数据来源于《中国城市统计年鉴》。②设定调整参数：$W_z = DE_{jz} / \overline{DE_{jz}}$。$\overline{DE_{jz}}$为样本区间内污染物 z 的单位产值排放量的平均水平。③计算环境规制综合指数：$ER_{jt} = \sum_{z=1}^{2} W_z DE_{jz}^s$。该综合指数为负项指标，即其数值越大，表示环境规制强度越小。

（4）控制变量。在边界污染检验模型中，控制变量选取主要考虑：根据《第二次全国污染源普查公报》，氨氮等水污染物主要来源于工业污染、农业污染以及生活污染。因此，选择水质监测站所在地级市的经济发展水平、工业化程度、人口因素、地方政府竞争、地理、气候等，以控制当地的经济社会发展以及地理气候状况。其中，地区经济发展水平用人均实际GDP（$pgdp$）表示，以2008年为基期，使用各水质监测站所在省份的GDP平减指数对各地级市名义GDP进行平减；地区工业化程度用该地区第二产业占国内生产总值的比例（$industry$）表示；地区人口因素用该地区人口密度（$population$）表示；地方政府竞争（$competition$）用财政收支比即财政预算支出/财政预算收入表示；地理状况采用该地区行政区域土地面积（$area\_land$）表示；气候状况采用该地区年平均气温（$temperature$）和年平均降水量（$precipitation$）表示。在策略性减排检验模型中，控制变量主要选取地区经济发展水平、地区工业化程度、地区人口因素、地方政府竞争。表4-1为主要变量的描述性统计结果。

表4-1 主要变量的描述性统计

变量	说明	均值	标准差	最小值	最大值	样本数
COD_{Mn}	化学需氧量	4.466	4.415	0.841	80.50	945
NH_3N	氨氮	0.780	1.792	0.020	24.12	945
ER	环境规制水平	0.314	1.125	0.001	20.26	945
$pgdp$	经济发展水平	0.400	0.337	0.055	2.116	945
$industry$	工业化程度	0.464	0.105	0.149	0.851	945
$population$	人口密度	4.568	3.184	0.100	12.08	945
$competition$	地方政府竞争	2.991	1.706	0.647	17.56	945
$area\_land$	行政区域土地面积	2.166	3.876	0.167	25.34	945
$temperature$	年平均气温	13.60	5.681	-2.200	24	945
$precipitation$	年平均降水量	0.924	0.473	0.0418	3.221	945

第三节 实证结果分析

一、基准回归

根据模型（4-1）检验省界地区与省域内部地区河流污染是否存在显著差距，考虑到模型解释变量包含污染水平的一期滞后项，故选取动态面板估计方法。此外，同时列出静态、动态面板的估计结果，以比较估计结果的合理性。

表4-2报告基本估计结果。第（1）列和第（2）列的静态面板估计结果显示，无论是COD_{Mn}还是NH_3N，省界变量（$Border$）的回归系数均显著为正且在1%的统计水平上显著，说明相较于省域内部，省界地区河流中COD_{Mn}和NH_3N含量更高，有机物及氨氮污染更为严重。在考虑模型的动态效

应，即加入河流污染水平的一阶滞后项后，动态面板系统 GMM 模型的估计结果显示，水质监测站省界变量（*Border*）对河流水质（COD_{Mn}、NH_3N）的影响系数均显著为正，表明省界地区河流污染水平更严重。以上结果初步验证省域边界地区河流污染水平高于省域内部，一定程度上说明地方政府跨域水污染治理存在"以邻为壑"行为，假设 3-1a 得到实证。

表 4-2　边界污染效应基准检验

变量	（1）	（2）	（3）	（4）
	静态面板		动态面板	
	COD_{Mn}	NH_3N	COD_{Mn}	NH_3N
Border	1.888***	0.462***	6.698***	1.842***
	（0.492）	（0.176）	（0.250）	（0.063）
$L.COD_{Mn}$			0.595***	
			（0.001）	
$L.NH_3N$				0.675***
				（0.001）
pgdp	−0.145	0.379*	1.776***	0.339***
	（0.408）	（0.198）	（0.125）	（0.026）
industry	0.082	−1.377**	6.397***	0.647***
	（1.273）	（0.556）	（0.257）	（0.035）
population	0.298***	0.098***	−0.731***	0.063***
	（0.049）	（0.027）	（0.028）	（0.004）
competition	0.222**	0.085**	0.033**	0.014***
	（0.096）	（0.041）	（0.015）	（0.003）
area_land	0.305***	0.095**	−0.156***	0.014***
	（0.106）	（0.038）	（0.030）	（0.003）
temperature	0.379	0.213**	−0.064***	−0.087***
	（0.240）	（0.087）	（0.017）	（0.004）
precipitation	−0.824**	−0.383**	−0.026	−0.413***
	（0.370）	（0.166）	（0.040）	（0.005）
常数项	−3.331	−2.368*	−0.032	0.245***
	（3.833）	（1.362）	（0.369）	（0.052）

续表

变量	(1)	(2)	(3)	(4)
	静态面板		动态面板	
	COD_{Mn}	NH_3N	COD_{Mn}	NH_3N
AR (1)			0.064	0.077
AR (2)			0.311	0.170
Sargan 检验			0.236	0.208
R^2	0.372	0.298		
观测值	945	945	849	849

注：括号内是稳健标准误；***、**和*分别表示在1%、5%和10%的统计水平上显著。以下各表同。所有回归中均控制时间和地区固定效应。

从控制变量的影响效果来看，经济发展水平（pgdp）的系数显著为正，说明地区经济发展水平越高，河流污染越严重，反映出现阶段经济发展和河流水质提升仍处于矛盾困境；人口密度（population）、行政区域土地面积（area_land）与河流污染多数正相关，随着人口密度及土地面积的增加，人类生活等各项活动越频繁，对资源的消耗越快，污染排放量也随之增加，说明居民的生活与生产活动是河流污染的一个重要原因；工业化程度（industry）和地方政府竞争（competition）也会加剧河流污染；此外，年平均气温（temperature）和年平均降水（precipitation）在一定程度上会对河流中 COD_{Mn} 和 NH_3N 含量起到缓解作用。

二、稳健性检验

为了确保这些实证结果（边界污染结论）是可靠的，本章还做了进一步稳健性检验，包括更换被解释变量和估计方法。

（一）更换被解释变量

进一步将河流水质单项指标（NPH，酸碱度偏离程度；DO，溶解氧）纳入被解释变量范畴，其中，DO 为正向指标，值越小，表示水质越差。继续选择系统 GMM 方法进行估计，回归结果如表 4-3 所示。结果显示，水质监测站省界变量（*Border*）对河流水质酸碱度偏离程度（*NPH*）的影响显著为正，对溶解氧（*DO*）的影响显著为负，一定程度上说明省界监测站的河流污染水平明显高于非边界监测站，再次验证了省域边界地区和省域内部河流污染水平的差距。

表 4-3　边界污染效应稳健性检验（更换被解释变量）

变量	(1)	(2)
	NPH	*DO*
Border	0.359***	-0.656*
	(0.062)	(0.388)
L. NPH	0.194***	
	(0.024)	
L. DO		0.180***
		(0.024)
控制变量	YES	YES
AR (1)	0.0000	0.0000
AR (2)	0.0542	0.1203
Sargan 检验	0.3468	0.2085
观测值	849	849

注：未报告控制变量的回归结果，详见附表 1-1。

（二）更换估计方法

考虑到水质监测站位置的唯一性（要么位于省界，要么位于非省界处），实际上构成数据缺失问题。倘若能同时观测到每个水质监测站处于省界和非省界两种状态下的河流污染状态，那么省界监测站的处理效应就是它们之间的差异。倾向得分匹配（PSM）为估计省界监测站的处理效应提供了解决方法。基于多项匹配方法的估计结果（见表 4-4）发现，河流污染指标（COD_{Mn}、NH_3N）的参与者平均处理效应（ATT）均为正，且至少在 10% 的统计水平上显著,进一步表明省域边界处河流污染水平明显差于省域内部,验证了跨域水资源治理存在边界污染现象。

表4-4 边界污染效应稳健性检验（PSM）

变量	（1）	（2）	（3）	（4）
	k 近邻匹配	卡尺内 k 近邻匹配	半径匹配	马氏匹配
COD_{Mn}	1.728 ***	1.543 ***	1.647 ***	1.800 ***
	(0.463)	(0.458)	(0.497)	(0.274)
NH_3N	0.391 **	0.300 *	0.390 **	0.401 ***
	(0.190)	(0.180)	(0.176)	(0.112)

注:匹配后的样本已通过平衡性检验和共同取值检验。k 近邻匹配和卡尺内 k 近邻匹配中选择 k=4;括号内汇报的标准误除马氏匹配以外皆通过自助法得到。

三、内生性处理

内生性是实证检验中需要仔细考虑、慎重处理的一个问题。理论上,内生性主要来源于反向因果和遗漏变量。先考虑反向因果,省界水质监测站点的设立是否会受到河流污染初期水平的影响?根据国家水质自动监测站站点选址要求来看,水质监测站的设立是考虑站址便利性、水质代表性、监测长期性、系统安全性、运行经济性、管理规范性等综合因素的结果,客观反映地区水质状况是其主要特点之一。根据水质监测站点功能断面设置遵循要求,当水质监测站点设置交界断面如省界或市界断面时,交接断面应选择在交界线下游第一个市、镇的上游,两者之间不应有明显的排放口。因此,可以认为河流污染初期水平并不会直接影响到省界监测站点的决策。进一步,将样本初期各地区的水污染状况对水质监测站省界变量进行回归,结果报告如表4-5所示。可以发现,无论是 COD_{Mn} 还是 NH_3N,对河流污染水平和监测点省界变量之间的关系均不具有统计上的显著性。

表 4-5 河流污染水平与省界监测站

变量	（1）	（2）
	Border	
$COD_{Mn}^{2008年}$	0.002	
	（0.005）	
$NH_3N^{2008年}$		0.017
		（0.042）
控制变量	YES	YES
地区固定效应	YES	YES
观测值	73	73
R^2	0.972	0.973

注：未报告控制变量的回归结果，详见附表 1-2。

再考虑遗漏变量问题。如果存在某些遗漏的或不可观测的变量既同省界监测站设立相关，又影响河流污染状态，这时便产生了内生性问题。为进一步排除研究结论受遗漏变量干扰的可能，采用工具变量（Ⅳ）方法进行检验。工具变量法还可以解决由潜在反向因果引起的内生性问题。选择县（市、区、旗）同省会城市的距离作为水质监测站省界变量的工具变量。从相关性来看，县（市、区、旗）距离省会城市越远，越接近边界地区，省界水质监测站建设的可能性越大。从外生性来看，县（市、区、旗）同省会城市的距离取决于当地的地理条件和行政区划。因此，根据 2020 年中华人民共和国行政区划代码整理样本县（市、区、旗），计算样本县（市、区、旗）同省会城市的距离作为水质监测站省界变量的工具变量。第一阶段的弱工具变量检验 F 值为 74.07，大于临界值 10，说明不存在弱工具问题。表 4-6 报告工具变量的估计结果，可以发现，使用工具变量后，Border 的系数仍然为正，且至少在 5% 的水平下显著。

表4-6　工具变量估计结果（边界污染检验）

变量	(1)	(2)
	COD_{Mn}	NH_3N
Border	3.359***	0.909**
	(1.022)	(0.434)
控制变量	YES	YES
时间固定效应	YES	YES
地区固定效应	YES	YES
观测值	945	945
R^2	0.649	0.582

注：未报告控制变量的回归结果，详见附表1-3。

四、影响机制检验

根据第三章第二节基本理论分析，在边界污染问题中，地方政府的策略性减排行为是重要因素。进一步检验地方政府是否有意识地差异化不同地区环境规制强度，以及该策略性行为是否会潜在影响企业的选址布局。表4-7第（1）列汇报模型（4-2）的回归结果。结果显示，水质监测站省界变量（Border）的系数在1%的水平上显著为正，说明越靠近省域边界城市，其环境规制强度反而相对较低，意味着省域内部与边界存在环境规制强度差异，假设3-1b得到实证。表4-7第（2）列汇报模型（4-3）的回归结果。结果显示，解释变量（ER）的系数在10%的水平上显著为正，说明省域边界城市环境规制强度越放松，其将吸引更多的工业企业迁入。上述结果表明省级政府存在策略性减排行为，差别化省域边界城市与省域内部的环境规制强度，进而引致边界城市工业企业聚焦，加剧边界污染现象。

表4-7　策略性减排引发边界污染传导机制检验

变量	(1)	(2)
	ER	Firm
L.ER	0.601***	
	(0.001)	

续表

变量	(1)	(2)
	ER	Firm
ER		0.032 ***
		(0.007)
Border	0.343 ***	
	(0.003)	
控制变量	YES	YES
AR (1)	0.0729	
AR (2)	0.7537	
Sargan 检验	0.0421	
R^2		0.957
观测值	868	374

注：未报告控制变量的回归结果，详见附表1-4。

进一步对该结论进行解释：理论上，地方政府策略性减排行为引致的环境规制地区差异性为企业污染转移创造空间。环境规制差异与企业空间布局的关系在现有文献中亦得到证实，"污染避难所"效应是这一研究的产物。环境约束越放松的地方越容易吸引污染型企业[188]。作为多数污染物的直接生产主体，受利润激励影响，向"环境规制洼地"迁移往往是企业尤其是重污染企业应对更严格环境规制的最理性选择[189]，在水污染方面亦是如此。以长江流域为例，长江沿岸各地环境规制强度差异促使水污染生产的集中度转移到低规制强度地区，导致长江流域的水质恶化[190]。诸如山东临沂两起企业排污跨省界水污染事件则提供现实佐证，不仅充分暴露出省域边界地区环境监管滞后、环境监测能力不足、产业结构不合理、高风险污染源隐患突出等问题，同时也侧面反映出推进跨域污染协同治理的必要性。

五、拓展性讨论

为什么同在一个省域不同城市之间存在显著的河流污染水平差距呢？根

据"压力—回应"逻辑,环境绩效考核压力催生了省级政府策略性减排治污行为,进而引致省域边界污染。因此,本节进一步检验省级政府承担的环境考核压力对省界监测站点与省域内部河流污染水平差距的影响效应。

(一)模型构建

根据第三章第二节的理论逻辑,环境考核催生了省级政府策略性减排行为,进而引致边界污染。环境保护力度、省级官员的环境考核压力、策略性减排动机与边界效应之间形成正向影响。因此,通过模型(4-4)进一步考察环境考核压力的影响。

$$Pollutant_{i,t} = \alpha + \beta_1 Border_{i,t} + \beta_2 Rank\_env_{ip,t} + \beta_3 Rank\_env_{ip,t} \times Border_{i,t} +$$

$$\gamma Pollutant_{i,t-1} + \delta X_{i,t} + u_i + v_t + \varepsilon_{i,t} \tag{4-4}$$

在式(4-4)中,加入省级政府环境绩效排名、省级政府环境绩效排名与水质监测站点省界变量的交互项,其余变量与模型(4-1)一样。省级政府环境绩效排名与水质监测站点省界变量的交互项捕捉的是省级政府环境考核压力对省域边界流域污染的影响效应,如果交互项系数 β_3 显著为正,则表明省级政府承担的环境考核压力越大,其策略性减排动机越强,边界污染效应愈发严重。

(二)变量选取

省级政府环境绩效排名($Rank\_env$)。自 2006 年起,中央政府在五年规划中推行环境约束性指标制度,提出一系列与目标相关的奖惩措施,为研究地方政府环境绩效排名提供了思路。现有研究对环境绩效的衡量多采用节能减排绩效指标(单位 GDP 能耗、COD 排放和 SO_2 排放)的增长率[191]、基于工业废水、工业二氧化硫和工业烟尘排放量构建的绿色晋升激励指数[192]、污染物 SO_2 减排率与本省污染物 SO_2 减排率之差[193] 等。本文选择五年规划中与废水排放监测相关的环境约束性指标——化学需氧量(重铬酸钾法)为基础,根据每年化学需氧量的减排率对样本省区进行排序。排名变量记为 $Rank\_env_{ip,t}$,表示水质监测站 i 所在省区 p 在第 t 年环境绩效排名,排名变量值越大，即化学需氧量的减排率越低，表明当年该省区的环境绩效越差[①]。

（三）实证结果分析

表 4-8 显示相应的回归结果。其中，第（1）列和第（2）列显示当被解释变量为 COD_{Mn}、NH_3N，省界变量与省级政府环境绩效排名的交互项（$Border \times Rank\_env$）的系数都显著为正，说明当某一省份承担较大的考核压力时，省级官员更有动机进行策略性减排，从而使得边界污染效应更明显。其原因可从两方面解释：第一，省级政府身处两股相互矛盾的外部压力之中：在面临中央政府关于流域治污要求的同时，身兼促进辖区经济增长的重任。因此，在流域治污的过程中，省级政府往往选择与经济增长不存在明显冲突的治污方式。第二，即便是在流域治污领域，也存在目标监测及完成难易之分。多任务委托—代理模型[194] 认为，代理人往往倾向于完成容易监督的目标，忽视那些不容易监督的目标。流域水污染防治在地方实践过程中制定的目标，是划分到流域涉及的各省份及下属控制单元。分权治理的特征可能使省级政府倾向于集中力量于辖区内部，以取得治污效益的辖区内部化。而边界地区治污效益溢出明显，水污染如果未达到十分严重的程度，治理水污染需求不足，省级政府缺乏治理辖区边界地区流域污染的激励。

考虑到我国各地区经济发展水平差异明显，这可能在一定程度上影响地方政府对晋升的预期，倘若一个省份的经济发展水平低下，则由于发展经济的需要，边界污染的现象可能会更高。为避免省级经济发展水平的影响，根据各省人均 GDP 增长率与全国人均 GDP 增长率的差距将总体样本分为两组，以 COD_{Mn} 为被解释变量，分别进行回归分析，结果见表 4-8 第（3）列和第（4）列。回归结果显示：省界变量（$Border$）、省界变量和环境绩效排名交互项（$Border \times Rank\_env$）的系数均显著为正，与基准回归结果一致，表明在不同省级经济发展水平下，前文研究结论依然成立。

---

①　考虑到 2011 年废水排放监测指标化学需氧量（重铬酸钾法）统计口径的变化，因此，2010 年与 2011 年的数据不能直接进行比较，故省级政府环境绩效排名缺少 2011 年数据。

表4-8 环境考核压力与边界污染

变量	(1)	(2)	(3)	(4)
	COD_{Mn}	NH_3N	COD_{Mn}	
			人均 GDP 增长率高于全国	人均 GDP 增长率低于全国
$L. COD_{Mn}$	0.571***		0.659***	0.626***
	(0.004)		(0.004)	(0.006)
$L. NH_3N$		0.657***		
		(0.002)		
$Border$	5.826***	0.501***	1.804***	3.133***
	(0.507)	(0.098)	(0.298)	(0.442)
$Border×Rank\_env$	0.027***	0.017***	0.057***	0.016**
	(0.007)	(0.002)	(0.008)	(0.007)
$Rank\_env$	−0.001	0.007***	−0.034***	0.014**
	(0.005)	(0.001)	(0.006)	(0.007)
控制变量	YES	YES	YES	YES
AR (1)	0.1210	0.0709	0.1972	0.1634
AR (2)	0.1416	0.2978	0.3594	0.7083
$Sargan$ 检验	0.1149	0.0573	0.1221	0.4864
观测值	694	694	367	327

注：未报告控制变量的回归结果，详见附表1-5。

第五章　跨域水污染协同治理的实践动因：基于属地治理模式局限

本章从属地治理模式的局限性方面分析跨域水污染协同治理的实践动因，具体包括：首先，从演化博弈的视角分析属地治理模式下地方政府在跨域水污染治理中的行为演化路径和稳定策略；其次，采用微分博弈方法，讨论跨域水污染所涉及的地方政府主体在属地独立治污和协同治污两种决策情形下双方反馈的纳什均衡策略及其变动情况。本章试图回答：跨域水污染问题在我国属地治理模式下面临哪些挑战？相较于属地独立治污，地方政府参与跨域水污染协同治理行动的动因是什么？

第一节　属地治理模式下跨域水污染治理行为博弈

在属地治理模式下，地方政府在面对跨域水污染治理问题时会做出何种环境决策？本节从演化博弈的视角，通过构建跨域水污染治理的两个相邻地区博弈模型，深入分析跨域水污染治理主体的行为博弈及策略选择，总结地方政府在跨域水污染治理中的最优环境策略。

一、问题描述与参数设置

（一）问题描述

作为博弈理论与动态演化过程兼具的方法，演化博弈在强调博弈稳定结构的基础上，进一步从动态机制视角分析其与演化过程的相关性。其基本思路是：在具有一定规模的群体中，博弈参与方并非完全理性的主体，加之信息的不对称，博弈主体需要通过试错来达到均衡，通过长期的模仿和改进趋于某个稳定的策略[195]。面对跨域水污染问题，地方政府面临经济增长、污染及其治理溢出、污染治理与不治理等因素影响，由此构成地方政府间治理跨域水污染行为的动态博弈过程。基于此，在这项研究中，假设该地区的本地政府是一个突变的小群体，而大群体就是该地区的其他地方政府，种群中占主导地位的个体百分比决定了大种群的战略选择，包括实施跨域水污染治理与不跨域水污染治理。在属地治理模式下，地方政府的选择包括对跨域水污染进行治理和不进行治理，策略集为｛治理，不治理｝。对水污染进行治理的辖区，在付出相应成本之后，水环境及其伴随的其他收益会有所提升，但其经济效益同时也会因污染治理在短期内出现增长损值。不进行水污染治理的辖区会蒙受水污染造成的损失。若跨域水污染涉及的两辖区治污选择不一致，还会产生水污染的负外部性或污染治理的正外部性影响。

如果进一步考虑外部约束，即在上级政府惩罚不治理主体的情况下：当区域内所有地方政府都选择不进行跨域水污染治理时，皆会蒙受跨域水污染所导致的损失，同时，上级政府也会按一定的标准予以处罚；当一方政府实施跨域水污染治理，而另一方没有进行跨域水污染治理时，跨域水污染治理一方将得到一定程度的治污补偿，因治污所获得的潜在经济收益和社会收益，同时也需付出相应的治污成本，因进行跨域水污染治理带来的短期经济损失及跨域水污染治理地区水污染的负外部性影响，没有跨域水污染治理的地方政府将受到其管辖范围内水污染造成的危害，既享受治理政府辖区的正外部性，同时也要接受上级政府的惩罚。

此外，本章还做出以下假定：一是地方政府积极开展跨域水污染治理是有效的，即水污染得到控制；二是忽略区域外部环境对本区域的影响。

（二）参数设置

假设本地政府 1 和邻地政府 2 共同面临治理跨域水污染的行动选择。根据地方政府对跨域水污染治理博弈问题的描述，本章设定以下几类参数：政府治理水污染的成本 C_p；水污染治理引致辖区短期内经济增长损值 L_e；水污染引致本地的损失 L_p；水污染治理的本地收益 R_i；水污染属地治理的公共收益 R_p；上级政府给予不进行水污染治理地区的惩罚 F；上级政府给予因外部不治理而只能属地治理地区的生态补偿 Sf；水污染与治理的外溢程度 θ。假定上述参数代表的数值均为正值，具体的参数设定如表 5-1 所示。

表 5-1　跨域水污染政府治理博弈参数设定

参数设定	本地政府	邻地政府
政府治理水污染的成本	C_{p1}	C_{p2}
水污染治理引致辖区短期内经济增长损值	L_{e1}	L_{e2}
水污染引致本地的损失	L_{p1}	L_{p2}
水污染治理的本地收益	R_{i1}	R_{i2}
水污染属地治理的公共收益	R_{p1}	R_{p2}
上级政府给予不进行水污染治理地区的惩罚	F_1	F_2
上级政府给予因外部不治理而只能属地治理地区的生态补偿	Sf_1	Sf_2
水污染与治理的外溢程度	θ_1	θ_2

二、模型构建与求解分析

（一）无上级政府约束条件下地方政府治污博弈

在无上级政府约束条件地方政府属地治污的情境下，地方政府面对跨域水污染问题所做出的环境决策主要取决于水污染治理成本和治理收益。

首先，构建地方政府独立治污的博弈支付矩阵。以本地政府为例，当本地政府选择治理水污染策略时，本地政府在获得治理的自身以及公共收益的同时，也要承受治理成本以及因治理在短期内的经济增长损值。此时，若邻地政府亦进行水污染治理，双方之间的外部性效应相互抵消；若邻地政府不进行水污染治理，则本地政府还需承受来自邻地政府辖区污染的负外部效应影响。相反，当本地政府选择不治理水污染策略时，本地政府将承担本区水污染带来的损失。此时，若邻地政府进行水污染治理，本地政府将受到外部政府邻地辖区的正外部效应影响；若邻地政府亦不进行水污染治理，本地政府还需承受来自邻地辖区的负外部效应影响。

同理可得，邻地政府在以上四种行动策略组合中的收益值。该情境下地方政府间的博弈支付矩阵如表5-2所示。

表5-2　无约束下地方政府独立治污的博弈支付矩阵

本地政府＼邻地政府	治理	不治理
治理	$R_{i1}+R_{p1}-C_{p1}-L_{e1}$; $R_{i2}+R_{p2}-C_{p2}-L_{e2}$	$R_{i1}+R_{p1}-C_{p1}-L_{e1}-\theta_2 L_{p2}$; $-L_{p2}+\theta_1 L_{p1}$
不治理	$-L_{p1}+\theta_2 L_{p2}$; $R_{i2}+R_{p2}-C_{p2}-L_{e2}-\theta_1 L_{p1}$	$-L_{p1}-\theta_2 L_{p2}$; $-L_{p2}-\theta_1 L_{p1}$

其次，构建地方政府独立治污的演化博弈模型。分别用 x 和 y 表示本地政府 g_1 和邻地政府 g_2 选择水污染治理策略的概率，则本地政府和邻地政府选择水污染不治理策略的概率分别为 $1-x$ 和 $1-y$。由此可计算出，本地政府采取治理策略的期望收益 U_{g_1}、不治理策略的期望收益 $U_{\overline{g_1}}$ 以及平均期望收益 $\overline{U}_{g_1}$ 分别为：

$$
\begin{cases}
U_{g_1} = R_{i1} + R_{p1} - C_{p1} - L_{e1} + (y-1)\theta_2 L_{p2} \\
U_{\overline{g_1}} = -L_{p1} + (2y-1)\theta_2 L_{p2} \\
\overline{U}_{g_1} = (R_{i1} + R_{p1} - C_{p1} - L_{e1})x + (x-1)L_{p1} + (2y-1-xy)\theta_2 L_{p2}
\end{cases}
\tag{5-1}
$$

同理可得，邻地政府选择治理或者不治理策略的期望收益以及策略选择的平均期望分别为：

$$
\begin{cases}
U_{g_2} = R_{i2} + R_{p2} - C_{p2} - L_{e2} + (x-1)\theta_1 L_{p1} \\
U_{\overline{g_2}} = -L_{p2} + (2x-1)\theta_1 L_{p1} \\
\overline{U}_{g_2} = (R_{i2} + R_{p2} - C_{p2} - L_{e2})y + (y-1)L_{p2} + (2x-1-xy)\theta_1 L_{p1}
\end{cases}
\tag{5-2}
$$

根据 Malthusian 的观点，地方政府选择治理策略比例的增长率与选择该策略所获得的支付与群体支付差成正比，由此得到本地政府和邻地政府采用治理策略的复制动态方程分别为：

$$
\begin{cases}
F(x) = x(1-x)(R_{i1} + R_{p1} - C_{p1} - L_{e1} + L_{p1} - y\theta_2 L_{p2}) \\
F(y) = y(1-y)(R_{i2} + R_{p2} - C_{p2} - L_{e2} + L_{p2} - x\theta_1 L_{p1})
\end{cases}
\tag{5-3}
$$

最后，分析地方政府双方的系统演化稳定策略。根据本地政府和邻地政府选择水污染治理策略的复制动态系统即式（5-3），令 $F(x)=0$、$F(y)=0$，可以得出本地政府和外部政府博弈的五个局部均衡点，分别为：

E_1（0，0）、E_2（0，1）、E_3（1，0）、E_4（1，1）、

$E_5\left(\dfrac{R_{i2} + R_{p2} - C_{p2} - L_{e2} + L_{p2}}{\theta_1 L_{p1}}, \dfrac{R_{i1} + R_{p1} - C_{p1} - L_{e1} + L_{p1}}{\theta_2 L_{p2}}\right)$ 且 $0 \leqslant \dfrac{R_{i2} + R_{p2} - C_{p2} - L_{e2} + L_{p2}}{\theta_1 L_{p1}} \leqslant 1$，

$0 \leqslant \dfrac{R_{i1} + R_{p1} - C_{p1} - L_{e1} + L_{p1}}{\theta_2 L_{p2}} \leqslant 1$

然而，复制动态方程求解的平衡点并非一定是系统演化稳定策略（ESS），因此需要继而讨论平衡点的稳定性。根据 Friedman（1998）分析法，基于系统雅可比（Jacobian）矩阵局部稳定性分析系统的演化稳定策略。由式（5-3）可以得到系统的雅可比矩阵以及雅可比矩阵行列式和矩阵的迹分别如式（5-4）和

式（5-5）所示。

$$
\begin{cases}
J = \begin{bmatrix} \dfrac{dF(x)}{dx} & \dfrac{dF(x)}{dy} \\[3mm] \dfrac{dF(y)}{dx} & \dfrac{dF(y)}{dy} \end{bmatrix} \\[8mm]
det(J) = \left(\dfrac{dF(x)}{dx}\right)\left(\dfrac{dF(y)}{dy}\right) - \left(\dfrac{dF(x)}{dy}\right)\left(\dfrac{dF(y)}{dx}\right) \\[6mm]
tr(J) = \dfrac{dF(x)}{dx} + \dfrac{dF(y)}{dy}
\end{cases}
\tag{5-4}
$$

$$
\begin{cases}
\dfrac{dF(x)}{dx} = (1-2x)(R_{i1}+R_{p1}-C_{p1}-L_{e1}+L_{p1}-y\theta_2 L_{p2}) \\[4mm]
\dfrac{dF(x)}{dy} = -x\theta_2 L_{p2}(1-x) \\[4mm]
\dfrac{dF(y)}{dx} = -y\theta_1 L_{p1}(1-y) \\[4mm]
\dfrac{dF(y)}{dy} = (1-2y)(R_{i2}+R_{p2}-C_{p2}-L_{e2}+L_{p2}+x\theta_1 L_{p1})
\end{cases}
\tag{5-5}
$$

根据演化理论可知，当均衡点的雅可比矩阵的行列式（$det(J)>0$）且迹（$tr(J)<0$）时，即在系统进化的动态过程中，局部渐近稳定不动点与进化稳定策略相对应；若 $det(J)>0$ 且 $tr(J)>0$，则对应的均衡点为不稳定点；若 $det(J)<0$，则对应的均衡点为鞍点。因此，分别计算五个局部均衡点雅可比矩阵的行列式 $det(J)$ 和迹 $tr(J)$ 的具体表达式，如表5-3所示。

根据表5-3的结果和判定 ESS 的方法，均衡点 $E_1(0,0)$ 和 $E_5(x^*, y^*)$ 一定不是 ESS 点。具体证明为：根据假设博弈双方均选择治理策略时各自的净收益为正，即 $R_{i1}+R_{p1}-C_{p1}-L_{e1}>0$、$R_{i2}+R_{p2}-C_{p2}-L_{e2}>0$。因此。$R_{i1}+R_{p1}-C_{p1}-L_{e1}+L_{p1}>0$、$R_{i2}+R_{p2}-C_{p2}-L_{e2}+L_{p2}>0$。继而，雅可比矩阵的行列式 $det(J)>0$，雅可比矩阵的迹 $tr(J)>0$，可得出平衡点 $E_1(0,0)$ 为不稳定点。

表 5-3 无约束下地方政府独立治污的局部均衡点稳定性

均衡点	行列式 $det(J)$ 和迹 $tr(J)$ 的具体表达式	
E_1 $(0,0)$	$det(J)$	$(R_{i1}+R_{p1}-C_{p1}-L_{e1}+L_{p1})(R_{i2}+R_{p2}-C_{p2}-L_{e2}+L_{p2})$
	$tr(J)$	$R_{i1}+R_{p1}-C_{p1}-L_{e1}+L_{p1}+R_{i2}+R_{p2}-C_{p2}-L_{e2}+L_{p2}$
E_2 $(0,1)$	$det(J)$	$(R_{i1}+R_{p1}-C_{p1}-L_{e1}+L_{p1}-\theta_2 L_{p2})(-R_{i2}-R_{p2}+C_{p2}+L_{e2}-L_{p2})$
	$tr(J)$	$R_{i1}+R_{p1}-C_{p1}-L_{e1}+L_{p1}-\theta_2 L_{p2}-R_{i2}-R_{p2}+C_{p2}+L_{e2}-L_{p2}$
E_3 $(1,0)$	$det(J)$	$(-R_{i1}-R_{p1}+C_{p1}+L_{e1}-L_{p1})(R_{i2}+R_{p2}-C_{p2}-L_{e2}+L_{p2}-\theta_1 L_{p1})$
	$tr(J)$	$-R_{i1}-R_{p1}+C_{p1}+L_{e1}-L_{p1}+R_{i2}+R_{p2}-C_{p2}-L_{e2}+L_{p2}-\theta_1 L_{p1}$
E_4 $(1,1)$	$det(J)$	$(-R_{i1}-R_{p1}+C_{p1}+L_{e1}-L_{p1}+\theta_2 L_{p2})(-R_{i2}-R_{p2}+C_{p2}+L_{e2}-L_{p2}+\theta_1 L_{p1})$
	$tr(J)$	$-R_{i1}-R_{p1}+C_{p1}+L_{e1}-L_{p1}+\theta_2 L_{p2}-R_{i2}-R_{p2}+C_{p2}+L_{e2}-L_{p2}+\theta_1 L_{p1}$
E_5 (x^*,y^*)	$det(J)$	$-x^* y^* \theta_1 \theta_2 L_{p1} L_{p2}(1-x^*)(1-y^*)$
	$tr(J)$	0

接下来，需继续讨论其他三个均衡点的稳定性，具体如下：

情境 1：当 $R_{i1}+R_{p1}-C_{p1}-L_{e1}+L_{p1}-\theta_2 L_{p2}<0$、$R_{i2}+R_{p2}-C_{p2}-L_{e2}+L_{p2}-\theta_1 L_{p1}<0$ 时，$E_2(0,1)$ 和 $E_3(1,0)$ 为 ESS。就说，博弈的演化稳定策略点对应于本地政府和邻地政府中一方治理一方不治理的策略。稳定条件可变形为 $R_{i1}+R_{p1}-C_{p1}-L_{e1}<-L_{p1}+\theta_2 L_{p2}$、$R_{i2}+R_{p2}-C_{p2}-L_{e2}<-L_{p2}+\theta_1 L_{p1}$，意味着当一方政府选择水污染治理策略时，另一方政府选择不治理策略的净收益要大于选择治理策略时的净收益。所以，另一方政府选择水污染不治理策略。

情境 2：当 $R_{i1}+R_{p1}-C_{p1}-L_{e1}+L_{p1}-\theta_2 L_{p2}>0$、$R_{i2}+R_{p2}-C_{p2}-L_{e2}+L_{p2}-\theta_1 L_{p1}>0$ 时，$E_4(1,1)$ 为 ESS。也就是说，博弈的演化稳定策略点对应于本地政府和邻地政府均治理的策略。稳定条件可变形为 $R_{i1}+R_{p1}-C_{p1}-L_{e1}>-L_{p1}+\theta_2 L_{p2}$、$R_{i2}+R_{p2}-C_{p2}-L_{e2}>-L_{p2}+\theta_1 L_{p1}$，意味着当一方政府选择水污染治理策略，另一方选择治理策略比选择不治理策略所带来的净收益更大。所以，另一方政府选择水污染治理策略。

（二）上级政府约束条件下地方政府治污博弈

如果考虑上级政府约束条件，当地方政府选择治理决策时会得到上级政府的生态补偿（Sf_i），当其选择不治理时则会受到上级政府的惩罚（F_i）。这也是相较于无约束条件下属地治理演化博弈模型，有约束条件下属地治理的博弈支付矩阵中的增量。此情境下博弈支付矩阵如表5-4所示。

表5-4 约束条件下地方政府属地治理的博弈支付矩阵

本地政府 ＼ 邻地政府	治理	不治理
治理	$R_{i1}+R_{p1}-C_{p1}-L_{e1}$; $R_{i2}+R_{p2}-C_{p2}-L_{e2}$	$R_{i1}+R_{p1}-C_{p1}-L_{e1}-\theta_2 L_{p2}+Sf_1$; $-L_{p2}+\theta_1 L_{p1}-F_2$
不治理	$-L_{p1}+\theta_2 L_{p2}-F_1$; $R_{i2}+R_{p2}-C_{p2}-L_{e2}-\theta_1 L_{p1}+Sf_2$	$-L_{p1}-\theta_2 L_{p2}-F_1$; $-L_{p2}-\theta_1 L_{p1}-F_2$

基于此，进一步构建地方政府独立治污的演化博弈模型，分析地方政府双方的系统演化稳定策略。求解上级政府约束条件下本地政府和邻地政府采用治理策略的复制动态方程，分别如式（5-6）所示：

$$
\begin{cases}
F(x)=x(1-x)(R_{i1}+R_{p1}-C_{p1}-L_{e1}+L_{p1}-y\theta_2 L_{p2}+F_1+(1-y)Sf_1) \\
F(y)=y(1-y)(R_{i2}+R_{p2}-C_{p2}-L_{e2}+L_{p2}-x\theta_1 L_{p1}+F_2+(1-x)Sf_2)
\end{cases}
\tag{5-6}
$$

可以得出地方政府博弈的五个局部均衡点，分别为：

E_1（0，0）、E_2（0，1）、E_3（1，0）、E_4（1，1）、

$$
E_5\left(\frac{R_{i2}+R_{p2}-C_{p2}-L_{e2}+L_{p2}+F_2+Sf_2}{\theta_1 L_{p1}+Sf_2}, \frac{R_{i1}+R_{p1}-C_{p1}-L_{e1}+L_{p1}+F_1+Sf_1}{\theta_2 L_{p2}+Sf_1}\right)
$$

通过计算五个局部均衡点雅可比矩阵的行列式 $det(J)$ 和迹 $tr(J)$ 的具体表达式，分析局部均衡点的稳定性。可得出：当 $R_{i1}+R_{p1}-C_{p1}-L_{e1}+L_{p1}-\theta_2 L_{p2}+F_1<0$、$R_{i2}+R_{p2}-C_{p2}-L_{e2}+L_{p2}-\theta_1 L_{p1}+F_2<0$ 时，$E_2(0，1)$ 和 $E_3(1，0)$ 为ESS。当 $R_{i1}+R_{p1}-C_{p1}-L_{e1}+L_{p1}-\theta_2 L_{p2}+F_1>0$、$R_{i2}+R_{p2}-C_{p2}-L_{e2}+L_{p2}-\theta_1 L_{p1}+F_2>0$ 时，$E_4(1，1)$ 为ESS。

三、跨域水污染治理均衡策略讨论

分析上述演化稳定策略和复制者动态方程，发现：从演化稳定策略结果

来看，无论上级政府是否对跨域水污染治理进行约束，属地治理模式下的地方政府跨域水污染治理都存在两种均衡点：一方治理另一方不治理（E_2（0，1）和 E_3（1，0））和双方均治理（E_4（1，1）），进一步分类讨论不同稳定策略下跨域水污染协同治理动因。当一方治理另一方不治理即 E_2（0，1）和 E_3（1，0）成为现实中地方政府对跨域水污染问题的稳定策略时，说明地方政府在跨域水污染治理上存在"免费搭乘"行为，难以自发地进行自主治污。在属地治理模式长期持续的情况下，其对区域水环境生态的改善效果甚微，进一步阐释了第三章第二节中所提出的跨域水污染属地治理局限观点。当双方均治理（即 E_4（1，1））成为现实中地方政府对跨域水污染问题的稳定策略时，意味着地方政府均会积极治理跨域水污染，这也是有效改善区域水环境生态的期待行动方案。此时，若判断属地治理和协同治理的孰优孰劣，则需要进一步比较地方双方属地治理和地方协同治理的环境效益等内容。然而，现实的演化稳定策略在一定程度上与最初水平、政策实施过程中政府跨域水污染治理各要素的现实值相关。对于地方政府而言，水污染治理成本与收益是影响其选择环境策略的重要因素。无约束条件和上级政府约束条件两种情况下的地方政府治污博弈结果表明，只有当执行水污染治理政策的净收益较高时，地方政府才有动力选择污染治理策略；当执行水污染治理政策的净收益较低时，其选择污染治理策略的动力不足。虽然上级政府的约束条件的介入，会使决策参数发生变化，提升地方政府由不治理转向治理的空间。但从目前跨域水污染治理的现实情况来看，当一方政府选择治理策略，在本辖区内执行水污染治理政策或措施时，邻地政府会出于"搭便车"动机，享受邻近地区外溢型公共品的好处，其状况与情境1类似。一方治理另一方不治理是地方政府的最优选择。在地方政府环境治理策略互动的相关研究中，部分学者所指的替代型支出竞争，即双方的环境治理支出呈现截然相反变化趋势的互动行为，其描述的情景及形成的内在机理与此类情况类似；也有学者将这种策略互动行为的结果称为"差别化竞争"形态。

第二节　跨域水污染属地治理与协同治理效益比较

本章第一节的分析已总结出属地治理模式下地方政府跨域水污染治理的最优行为决策。接下来，本节将从效益比较的视角，通过构建微分博弈模型，讨论跨域水污染所涉及的地方政府主体在属地治污和协同治污两种决策情形下双方反馈的纳什均衡策略及其变动情况。

一、问题描述与假设

探讨地方政府在跨域水污染治理中的决策问题需要充分考虑以下因素：第一，考虑水污染容量的动态变化。跨域水污染及其治理是一个随时间动态交互的过程，也就是说，在跨域水污染治理中，河流的污染量随时间的推移具有不同的特征，这将引起博弈一方策略的改变，从而影响博弈另一方的策略。受信息不对称等影响，参与人之间最终的平衡需通过相互作用动态变化的博弈才能实现[196]。因此，连续的时间变量是影响跨域水污染政府治理决策的重要因素。第二，考虑异质政府的相互关系。存在一定程度差异性的地方政府更加符合现实情况。由于地方政府所处现实环境的差异性，其在面对跨域治理决策和行为时拥有不同的决策资源，即使两者互为比邻，对跨域公共事务的不同处理能力也决定了跨域治理中获得收益和付出成本的差异[197]。异质性地方政府之间关于污染治理及协同的问题值得进一步研究。目前，污染治理地方政府行为博弈的大部分研究多是基于静态博弈或重复博弈展开，虽然以上这些方法在实现地方政府行为稳定策略方面取得一些成果，但还存在一些局限，无法真实地反映污染治理场景，如污染动态以及地方政府异质性等。基于此，本节在考虑水污染容量动态变化的基础上，建立非对称两区域之间的微分博弈模型，探讨在独立治污和协同治污两种情形下双方的反馈纳什均衡策略及其变化问题。所谓微分博弈，是处理博弈双方在连续时间内冲突、竞争或合作问题的重要动态模型，它将博弈理论扩展到连续时间上，能够充分考虑河流污染容量变化对整个博弈的影响。所谓非对称两区域，主要体现在经济能力、治污成本以及水污染对地区之间的伤害差异等方面。

以两个地区即地区 D 和地区 S 为例。设定在连续的时间 t 内，一条河流流经地区 D 和地区 S，两地地方政府负责本辖区河流污染治理问题，治污方式可以选择属地独立治污或者合作治污。其中，地区 D 为相对发达地区，而地区 S 为相对欠发达地区。根据 Breton 等[198]、Huang 等[199] 的研究框架，假定地区收益和水污染物排放量之间呈正向关系，将地区收益 $Y_i(t)$ 表示为水污染物排放量的二次凹函数。两个地区的收益函数分别为：

$$Y_D(t) = A_D E_D(t) - \frac{1}{2} E_D^2(t) \tag{5-7}$$

$$Y_S(t) = A_S E_S(t) - \frac{1}{2} E_S^2(t) \tag{5-8}$$

式（5-7）、式（5-8）中，$E_i(t)$ 表示为地区 i 在时点 t 的水污染物排放量，$i=D$，S。参数 A_i 为正的常数，在不失一般性的前提下，假设 $A_D = A$，$A_S = \alpha A$。其中，参数 α 表示两地区取得经济效益能力差异的大小，相较于地区 S，地区 D 更为发达，因此有 $0 < \alpha < 1$。

两地区地方政府会采用各种环境规制手段和措施进行水污染治理。根据 Miao 等[200] 等的研究框架，假定地区治污成本和水污染物治理量之间呈正向关系，将地区治污成本 $C_i(t)$ 表示为水污染物治理量的二次凸函数。两个地区的治污成本函数分别为：

$$C_D(t) = \frac{1}{2} \mu_D R_D^2(t) \tag{5-9}$$

$$C_S(t) = \frac{1}{2} \mu_S R_S^2(t) \tag{5-10}$$

式（5-9）、式（5-10）中，$R_i(t)$表示地区i在时点t的水污染物治理量，$i=D$，S。参数μ_i表示治污成本系数，衡量两个地区不同的治污技术差异。在不失一般性的前提下，假设$\mu_D=1$，$\mu_S=\mu>1$，即相较于地区D，地区S的污染物处理成本更高。

由于水污染问题具有流动性和累积性，即存在跨界污染问题。在本辖区污染排放的基础上，还需考虑邻地的影响。此外，再加上水污染的时间累积性，因此，式（5-11）清晰列出河流水污染容量的表达式，同时这也是两个地区总的水污染容量。

$$\dot{X}(t)=E_D(t)+E_S(t)-R_D(t)-R_S(t)-\delta X(t) \tag{5-11}$$

式（5-11）中，$X(t)$表示在时点t的河流水污染排放存量。当$t=0$时，$X(0)$为初始污染容量，且$X(0)>0$。参数δ表示河流自身对水污染的分解或者自净能力，$\delta>0$。式（5-11）表示河流中水污染物存量变化主要包括新增和减少（治理和自然衰减）两部分。

水污染物排放对两地区社会带来损失。因此，两地区地方政府在进行污染治理决策时需考虑环境污染伤害带来的负面效应。借鉴徐浩和谭德庆[201]的研究框架，假设水污染伤害取决于河流各地区的污染存量$X(t)$，即$d_iX(t)$。参数d_i表示污染存量对地区i的破坏程度，假设$d_D=d$，$d_S=\beta d$。参数d衡量两个地区承受的环境污染伤害差异，假设$0<\beta<1$，即相较于地区D，地区S承受的水污染伤害更低。

二、模型构建与求解

根据地方政府对跨域水污染治理方式的选择，在属地独立治污和协同治污两种决策类型下分别构建各地区地方政府的目标函数，求解其纳什均衡策略。

（一）属地治污的微分博弈

在属地独立治污的情形下，对于地区D和地区S来说，彼此都是独立的决策主体。双方都会面对河流污染量动态变化这一实际制约因素，为追求最大化效益进行理性决策，包括最优的治污和防污行为。对于地区负责人来说，其无须考虑本地区污染排放对相邻地区的负外部性。因此，独立治污情况下各地区的跨时期福利效用函数如下：

$$W_D = \underset{E_D(t)、R_D(t)}{\text{Max}} \int_0^\infty e^{-\rho t} \left[AE_D(t) - \frac{1}{2}E_D^2(t) - \frac{1}{2}R_D^2(t) - dX(t) \right] dt \quad (5-12)$$

$$W_S = \underset{E_S(t)、R_S(t)}{\text{Max}} \int_0^\infty e^{-\rho t} \left[\alpha AE_S(t) - \frac{1}{2}E_S^2(t) - \frac{1}{2}\mu R_S^2(t) - \beta dX(t) \right] dt$$

$$(5-13)$$

而目标函数取决于一个确定性的动态系统，即：

$$\dot{X}(t) = E_D(t) + E_S(t) - R_D(t) - R_S(t) - \delta X(t) \quad (5-11)$$

为得到该情形下的纳什均衡状态，首先，需要构造一组连续、有界、可微的价值函数 $V_D(X)$、$V_S(X)$。因此，构造哈密尔顿—雅可比—贝尔曼（Hamilton-Jacobi-Bellman，HJB）方程式如下：

$$\rho V_D(X) = \underset{E_D(t)、R_D(t)}{\text{Max}} \left\{ \left[AE_D(t) - \frac{1}{2}E_D^2(t) - \frac{1}{2}R_D^2(t) - dX(t) \right] + V_D'(X) \right.$$

$$\left. \left[E_D(t) + E_S(t) - R_D(t) - R_S(t) - \delta X(t) \right] \right\} \quad (5-14)$$

$$\rho V_S(X) = \underset{E_S(t)、R_S(t)}{\text{Max}} \left\{ \left[\alpha AE_S(t) - \frac{1}{2}E_S^2(t) - \frac{1}{2}\mu R_S^2(t) - \beta dX(t) \right] + V_S'(X) \right.$$

$$\left. \left[E_D(t) + E_S(t) - R_D(t) - R_S(t) - \delta X(t) \right] \right\} \quad (5-15)$$

其次，求解 HJB 方程式右端部分，使其最大化的条件为式（5-14）对 $E_D(t)$、$R_D(t)$ 求一阶偏导数、式（5-15）对 $E_S(t)$、$R_S(t)$ 求一阶偏导数，并令其均得 0，解之可得：

$$E_D(t)=A+V'_D(X)；R_D(t)=-V'_D(X)；E_S(t)=\alpha A+V'_S(X)；R_S(t)=\frac{V'_S(X)}{\mu}$$

$$(5-16)$$

将式（5-16）代入 HJB 方程式即式（5-14）和式（5-15），化简整理可得：

$$\rho V_D(X)=\frac{1}{2}A^2-dX(t)-V'^2_D(X)+V'_D(X)\left[A+\alpha A-\delta X(t)+2V'_D(X)+V'_S(X)+\frac{V'_S(X)}{\mu}\right]$$

$$(5-17)$$

$$\rho V_S(X)=\frac{1}{2}\alpha^2 A^2-\beta dX(t)-\frac{1}{2}V'^2_S(X)-\frac{1}{2\mu}V'^2_S(X)+V'_S(X)$$

$$\left[A+\alpha A-\delta X(t)+2V'_D(X)+V'_S(X)+\frac{V'_S(X)}{\mu}\right]$$ $$(5-18)$$

再次，由式（5-17）、式（5-18）的结构可见，以 X 为自变量的一元一次函数式是 HJB 方程式的解，因而令：

$$V_D(X)=f_1 X+f_2；V_S(X)=g_1 X+g_2$$ $$(5-19)$$

式（5-19）中，f_1、f_2、g_1、g_2 是待求解的常数，可得：

$$V'_D(X)=f_1；V'_S(X)=g_1$$ $$(5-20)$$

将式（5-19）、式（5-20）代入式（5-17）、式（5-18），可得：

$$\rho f_1 X+\rho f_2=-(d+f_1\delta)X(t)+\frac{1}{2}A^2+f_1^2+(1+\alpha)Af_1+\frac{1+\mu}{\mu}g_1 f_1$$ $$(5-21)$$

$$\rho g_1 X+\rho g_2=-(\beta d+g_1\delta)X(t)+\frac{1}{2}\alpha^2 A^2+\frac{1+\mu}{2\mu}g_1^2+(1+\alpha)Ag_1+2g_1 f_1$$ $$(5-22)$$

由之前的假设可知，$V_D(X)$、$V_S(X)$ 应对所有的 $X\geq0$ 均满足，因而可求得最优价值函数的参数 f_1、f_2、g_1、g_2 如下：

$$\begin{cases}f_1=-\dfrac{d}{\rho+\delta}\\[2mm]f_2=\dfrac{A^2}{2\rho}-\dfrac{(1+\alpha)Ad}{\rho(\rho+\delta)}+\dfrac{(\mu+\beta+\beta\mu)d^2}{\mu\rho(\rho+\delta)^2}\end{cases}$$ $$(5-23)$$

$$\begin{cases} g_1 = -\dfrac{\beta d}{\rho+\delta} \\[4mm] g_2 = \dfrac{\alpha^2 A^2}{2\rho} - \dfrac{(1+\alpha)A\beta d}{\rho(\rho+\delta)} + \dfrac{(4\mu+\beta\mu+\beta)\beta d^2}{2\mu\rho(\rho+\delta)^2} \end{cases}$$

(5-24)

最后，将 f_1、g_1 代入式（5-16）可分别求得地区 D 和地区 S 在独立治污状态的马尔科夫反馈纳什均衡下的污染排放量和污染治理投入量，如下：

$$\begin{cases} E_D^* = \dfrac{A(\rho+\delta)-d}{\rho+\delta} \\[4mm] E_S^* = \dfrac{\alpha A(\rho+\delta)-\beta d}{\rho+\delta} \end{cases}$$

(5-25)

$$\begin{cases} R_D^* = \dfrac{d}{\rho+\delta} \\[4mm] R_S^* = \dfrac{\beta d}{\mu(\rho+\delta)} \end{cases}$$

(5-26)

（二）协同治污的微分博弈

在协同治理水污染的情形下，地区 D 和地区 S 可以看作是一个整体化的生态环境系统，旨在通过确定水污染的最佳排放量及污染治理投入量，最大化系统整体效益。因此，首先，两个地区的目标函数统一满足如下 HJB 方程式：

$$\rho V(X) = \mathrm{Max}\Bigg\{ \left[AE_D(t)+\alpha AE_S(t)-\frac{1}{2}\left[E_D^2(t)+E_S^2(t)\right]-\frac{1}{2}\left[R_D^2(t)+\mu R_S^2(t)\right]- \right.$$
$$\left. (1+\beta)dX(t) \right] + V'(X)\left[E_D(t)+E_S(t)-R_D(t)-R_S(t)-\delta X(t)\right]\Bigg\}$$

(5-27)

其次，求解 HJB 方程式右端部分，使其最大化的条件为式（5-27）对 $E_D(t)$、$R_D(t)$、$E_S(t)$、$R_S(t)$ 求一阶偏导数，并令其均得 0，解之可得：

$$E_D(t)=A+V'(X)\,;\ R_D(t)=-V'(X)\,;\ E_S(t)=\alpha A+V'(X)\,;\ R_S(t)=-\frac{V'(X)}{\mu}$$

(5-28)

将式（5-28）代入 HJB 方程式即式（5-27），化简整理可得：

$$\rho V(X) = \frac{1}{2}(1+\alpha^2)A^2 - (1+\beta)dX(t) - \frac{3}{2}V'^2(X) - \frac{1}{2\mu}V'^2(X) + V'(X)$$
$$\left[A + \alpha A - \delta X(t) + 3V'(X) + \frac{V'(X)}{\mu} \right] \qquad (5-29)$$

再次，由式（5-29）的结构可见，以 X 为自变量的一元一次函数式是 HJB 方程式的解，因而令：

$$V(X) = k_1 X + k_2 \qquad (5-30)$$

式（5-30）中，k_1、k_2 是待求解的常数，可得：

$$V'(X) = k_1 \qquad (5-31)$$

将式（5-30）、式（5-31）代入式（5-29），可得：

$$\rho k_1 X + \rho k_2 = -\left[(1+\beta)d + \delta k_1 \right]X(t) + \frac{1}{2}(1+\alpha^2)A^2 + \frac{(1+3\mu)}{2\mu}k_1^2 + (1+\alpha)Ak_1$$

$$(5-32)$$

由之前的假设可知，$V(X)$ 应对所有的 $X \geqslant 0$ 均满足，因而可求得最优价值函数的参数 k_1、k_2 如下：

$$\begin{cases} k_1 = -\dfrac{(1+\beta)d}{\rho+\delta} \\[3mm] k_2 = \dfrac{(1+\alpha^2)A^2}{2\rho} - \dfrac{(1+\alpha)(1+\beta)Ad}{\rho(\rho+\delta)} + \dfrac{(1+3\mu)(1+\beta)^2 d^2}{2\mu\rho(\rho+\delta)^2} \end{cases} \qquad (5-33)$$

最后，将 k_1 代入式（5-28）可分别求得地区 D 和地区 S 在协同治污状态的马尔科夫反馈纳什均衡下的污染排放量和污染治理投入量，如下：

$$\begin{cases} E_D^{**} = \dfrac{A(\rho+\delta) - (1+\beta)d}{\rho+\delta} \\[3mm] E_S^{**} = \dfrac{\alpha A(\rho+\delta) - (1+\beta)d}{\rho+\delta} \end{cases} \qquad (5-34)$$

$$\begin{cases} R_D^{**} = \dfrac{(1+\beta)d}{\rho+\delta} \\[3mm] R_S^{**} = \dfrac{(1+\beta)d}{\mu(\rho+\delta)} \end{cases} \qquad (5-35)$$

三、跨域水污染治理效益比较

在求解出地方政府属地独立治污和协同治污两种博弈情形下污染物排放（E_i）和污染治理（R_i）的最优路径和稳态水平的基础上，比较两种情形下各地区污染排放水平、治污投入水平、河流污染容量和福利水平的变化。

第一，治污投入和污染水平的比较。由式（5-25）和式（5-34）可知：$E_D^* > E_D^{**}$，$E_S^* > E_S^{**}$；由式（5-26）和式（5-35）可知：$R_D^* < R_D^{**}$，$R_S^* < R_S^{**}$。该结果表明，相较于独立治污情形，在协同治污情形下，不管是较发达地区 D 还是欠发达地区 S，其关于总污染排放量更低，将更多地进行治污投入，污染治理量有所增加。换言之，比较本辖区效用最大化和区域整体效用最大化下地区投入的水污染治理量，后者更大。

第二，河流污染容量的变动。基于两地区均衡污染物排放与治理量，进一步求解独立治污和协同治污两种博弈情形时稳定状态下河流污染容量，分别将式（5-25）和式（5-26）、式（5-34）和式（5-35）代入式（5-11）并令其为 0，可得到独立治污和协同治污时稳定状态下河流污染容量，如下：

$$\begin{cases} X^* = \dfrac{\mu A(1+\alpha)(\rho+\delta)-(\beta+\beta\mu+2\mu)d}{\delta\mu(\rho+\delta)} \\ X^{**} = \dfrac{\mu A(1+\alpha)(\rho+\delta)-(1+3\mu)(1+\beta)d}{\delta\mu(\rho+\delta)} \end{cases} \tag{5-36}$$

由式（5-36）可知，$X^* - X^{**} = \dfrac{(1+\mu+2\beta\mu)d}{\delta\mu(\rho+\delta)} > 0$，即 $X^* > X^{**}$。

该结果表明，相较于独立治污情形，在协同治污情形下，河流污染容量更低。也就是说，从环境效益的角度来看，在地方政府协同治污的情况下为帕累托最优状态。

第三，地区福利水平的变动。基于两地区均衡污染物排放与治理量，进一步求解独立治污和协同治污两种博弈情形时地方政府总收益，分别将式（5-23）和式（5-24）代入式（5-19），可得到独立治污时地方政府总收益如下：

$$
\begin{cases}
V_D^*(X) = -\dfrac{dX}{\rho+\delta} + \dfrac{A^2}{2\rho} - \dfrac{(1+\alpha)Ad}{\rho(\rho+\delta)} + \dfrac{(\mu+\beta+\beta\mu)d^2}{\mu\rho(\rho+\delta)^2} \\[4mm]
V_S^*(X) = -\dfrac{\beta dX}{\rho+\delta} + \dfrac{\alpha^2 A^2}{2\rho} - \dfrac{(1+\alpha)A\beta d}{\rho(\rho+\delta)} + \dfrac{(4\mu+\beta\mu+\beta)\beta d^2}{2\mu\rho(\rho+\delta)^2}
\end{cases} \tag{5-37}
$$

分别将式（5-33）代入式（5-30），可得到协同治污时地方政府总收益如下：

$$
V^{**}(X) = -\frac{(1+\beta)dX}{\rho+\delta} + \frac{(1+\alpha^2)A^2}{2\rho} - \frac{(1+\alpha)(1+\beta)Ad}{\rho(\rho+\delta)} + \frac{(1+3\mu)(1+\beta)^2 d^2}{2\mu\rho(\rho+\delta)^2}
$$

$$
\tag{5-38}
$$

由式（5-37）和式（5-38）可知，$V^{**}(X) - [V_D^*(X) + V_S^*(X)] = \dfrac{(1+\mu+2\mu\beta^2)d^2}{2\mu\rho(\rho+\delta)^2} > 0$，即 $V^{**}(X) > V_D^*(X) + V_S^*(X)$。

该结果表明，相较于独立治污情形，在协同治污情形下，地方政府的总收益更高。也就是说，从经济效益的角度来看，在地方政府协同治污的情况下为帕累托最优状态。

综上所述，相较于属地独立治污情形，协同治污情形下两个地区的污染排放更低、治污投入更高、河流污染容量更低、总体福利水平更高。显然，无论从环境保护还是从经济利益的角度来看，区域协同治理水污染与非协同治理水污染均为理想帕累托最优状态。也就是说，从跨域水污染地方政府独立治理和协同治理的微分博弈来看，协同治理下系统整体效益最优状态对所有参与地区来说是最好的结果。那么，这一均衡结果对我国跨域水污染治理的实践有何启示呢？

这一均衡结果充分揭示出跨域水污染协同治理的动因，即行动者对参与跨域水污染协同治理行动所带来的结果激励。行动者参与协同行动的可能性与其对协同治理结果激励预期成正比[25]。对于跨域水污染治理来说，在个体理性下即追求有限资源下本辖区利益的最大化，地方政府皆倾向于尽可能投入较少的水污染治理量。如果从交易行为的视角理解跨域水污染协同治理行为，那么，实现跨域水污染协同治理长效可持续的保障便可理解为力求最大化整体利益以及最小化参与各方的自身成本。这也从侧面反映出，在各地方政府参与跨域水污染协同治理的过程中降低水污染治理成本，最大化地惠及整体区域效益，是增强跨域水污染协同治理积极性、提高参与度的关键。

第六章 跨域水污染协同治理的政策实施

本章分析跨域水污染协同治理的政策实施，具体包括：梳理跨域水污染协同治理的政策演进；以河长制为例分析其政策实施情况；在阐述政策变迁的基础上，阐述其组织架构和治理过程。试图回答：跨域水污染协同治理在中国的环境治理语境下究竟如何协同？具体的协同结构和运行机制怎样？同时，立足四川省沱江流域河长制的现实情境，呈现跨域水污染协同治理的实况。

第一节 跨域水污染协同治理的政策演进

作为联系理论和实践的重要纽带，我国跨域水污染治理的相关政策内容在指导治污实践中不断完善。梳理跨域水污染协同治理的政策演进，能够有效认识政府的行动依据和制度支撑，进一步了解"如何协同治理"的主要发展。基于此，通过查阅生态环境部官网及各省生态环境厅（局）官网、北大法宝法律数据库等获取与跨行政区域、流域、跨省界水污染治理相关的法律、行政法规、法规性文件、行政规章和地方性法规等，根据政策内容的年度变化及重要政策出台时间划分政策阶段。如若从时间脉络分析，对于跨域水污染协同治理而言，较为重要的政策包括《中华人民共和国水法》[①]《中华人民共和国环境保护法》等，因此，在分析政策文本及地方实践的基础上，以2002年、2014年为重要时间节点，将我国跨域水污染协同治理的政策演进分为应急治污下的早期萌芽、地方实践的积极探索、法治建设下的快速发展三个阶段。

一、应急治污下的早期萌芽阶段

1970~2001年，跨域水污染协同治理政策的主要特征是：环境法律法规中涉及跨域水污染治理问题的相关内容较少，如《中华人民共和国水法》（1988年）规范了统一管理与分级分部门管理相结合的水资源管理体制（第九条），但尚未明确跨行政区、流域管理内容；《中华人民共和国环境保护法》（1989年）对跨行政区环境污染（第十五条）、《中华人民共和国水污染防治法》（1996年修正）对跨行政区域水污染纠纷（第二十六条）的处理仅有协商解决此类表述；地方实践中出现零星协同治污探索。

20世纪70年代初，官厅水库污染治理可视为跨域水污染协同治理的最早实践。官厅水库位于京冀交界处，其上游水源流域先后跨越山西桑干河、河北洋河、北京妫水河等，水污染治理超越单一行政区划范围。在此背景下，由北京、河北、山西和天津的相关人员组成的跨省、市、部门的领导小组迅速成立，负责协调官厅水库上游、山西、河北和北京的工厂污染源治理[202]。在历时五年（1972~1976年）跨越两省两市（即北京、河北、山西、天津）的协同治理下，水库水质得到有效改善，基本接近饮用水标准。就其历史意义而言，领导小组及其办公室的建立在一定程度上证明了强化地方政府

---

① 《中华人民共和国水法》1988年发布，2002年修订，2009年修正，2016年修正，以下简称《水法》。

横向协调的有效性，同时奠定了区域治理与流域治理相结合的环保基本格局。在官厅水库污染治理的过程中亦制定了相关制度，如出台首个水库流域性地方性法规等，为流域管理提供了地方立法基础和立法经验。

若从流域层面来看，跨域水污染协同治理的实践始于 1995 年淮河流域污染治理。为回应 1994 年淮河流域重大水污染事故，由豫皖苏鲁四政府、水利部、国家环境保护局等组建的水资源保护领导小组，负责协调、解决流域水污染防治、省际水污染纠纷相关问题。流域治理过程中出台了首部流域污染治理法规《淮河流域水污染防治暂行条例》，明确领导小组及其办公室职责，为淮河流域污染治理提供了法律依据。随后，淮河流域被纳入重点流域水污染防治范畴，《淮河流域水污染防治规划及"九五"计划》开启流域四省协同治污，但就其治理效果而言，"九五"计划未能在 2000 年如期实现。

综合来看，无论是官厅水库污染治理还是淮河流域污染治理，两者皆是对严重水污染事件的回应，跨省市领导小组的成立具有治污应急特征。同时，该时期我国水污染环境治理从以点源污染防治为主转向面源和流域、区域综合整治。随后，部分地级市也出现跨域水污染协同治理的制度安排。例如，蚌埠和宿州两市在 2000 年签署了《关于协调预防和控制及处理跨市界河水污染纠纷的协议》；2001 年江苏省吴江市和浙江省秀洲区在信息互通、联合督察、联合办公方面建立了水污染协调机制。

二、地方实践的积极探索阶段

2002~2013 年，环境治理政策中有关跨域水污染协同治理的内容不断充实，相关政策文本不断增加，环保机构不断完善。例如，《水法》（2002 年修订）对流域管理体制予以明确，强调流域管理与行政区域管理相结合（第十二条）。跨省界水污染纠纷问题的相关预防与处置指导意见于 2008 年出台。六大区域环境保护督察中心（华东、华南、西北、西南、东北、华北）相继成立，于 2008 年覆盖 31 省份，负责协调处理跨省区域、流域、海域重大环境纠纷工作等。

　　同时，地方协同治理跨域水污染的制度和实践积极开展，地方协同治污不仅发生在省级政府之间，还涉及地级市政府之间（见图6-1）。其中，省级政府协同治理跨域水污染的典型包括：2002年太湖流域片省级边界水事协调工作规约；2003年海河流域八省水利厅（局）签订协作宣言，开展海河流域水协调与合作；2004年四川云南两省共同建立环境保护协调委员会；2005年泛珠江三角区域各政府签署《泛珠江三角区域环境保护合作协议》，明确在水环境方面作建立联防联治的水环境管理机制、跨行政区污染事故应急协调处理机制等；2009年西北五省区和晋豫鄂渝蒙等11省环保厅（局）就区域环境问题签署高层会商框架协议，明确建立跨省界、跨流域环境污染防控机制；2011年安徽浙江两省建立新安江跨省流域水环境补偿机制。地级政府协同治理跨域水污染的典型则包括：2002年江苏省苏州市和浙江省嘉兴市建立跨域污染联合检查机制；2004年浙江省四市成立环保专业组；2008年辽宁省中部七市协同推进辽河流域水污染治理行动；浙江省杭州、湖州、嘉兴、绍兴四市成立联合执法小组，就边界环境开展联合执法检查；2009年广东省下辖地级市就界河及跨界河污染治理、珠中江环境保护等进行区域合作，建立区域水环境联防联治机制。

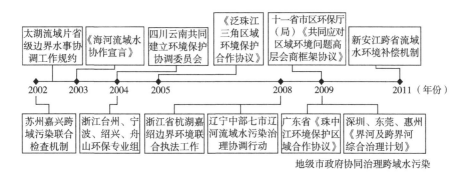

图6-1　地方协同治理跨域水污染的实践探索

资料来源：笔者绘制。

在此阶段还出现了协同治污的地方首创制度——河长制。相较于萌芽阶段，此阶段政府协同治理跨域水污染的协同形式愈加丰富。省级政府之间多是签订框架性的协议或者宣言；市（县）级政府的协同形式还包括委员会或专业工作组，涉及建立联合规划、监测、治理、执法检查、纠纷解决、生态补偿等制度。

三、法治建设下的快速发展阶段

这一阶段（2014年至今），跨行政区域环境污染治理的法律依据不断夯实，为指导跨域水污染协同治理实践提供了强有力的支撑。在中央法规层面，2014年修订的《环境保护法》设置专门条款规范跨行政区的流域水污染防治问题，强调跨行政区协同（第二十条）；2015年出台的《水污染防治行动计划》进一步提出水污染防治区域联动机制、强化部门协调联动、跨界水环境补偿机制；2016年修正的《水法》强调有关跨行政区的流域规划编制、水量配置及纠纷处理等内容（第十七条、第四十五条、第五十六条）；2017修正的《水污染防治法》授权地方各级政府建立河长制（第五条）；2020年生态环境部就跨省流域突发水污染事件出台联防联控机制指导意见。

地方跨域水污染协同治理实践亦在快速发展，其主要特点之一就是融入区域协调发展战略，典型如京津冀水污染协同治理。自2014年京津冀协同发展上升为国家战略以来，京津冀水污染协同治理在组织机构、联动机制、生态补偿等方面构建联防联控机制（见图6-2）。其中，在组织机构方面，京津冀地区相继成立多个协调小组，层级上不仅包括省级及部门层面，还涉及地市级层面；联动机制主要体现在联合执法、水污染突发事件联防联控，联动不仅发生在省级层面，还下沉至相邻县（市、区）；流域生态补偿包括天津、河北就引滦入津流域签订上下游横向生态补偿协议等。

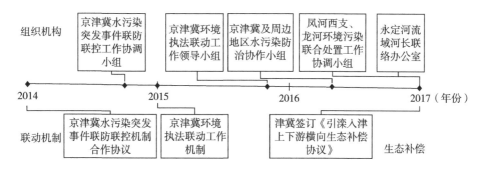

图 6-2　京津冀水污染协同治理发展

资料来源：笔者绘制。

　　再如，长三角地区水污染协同治理。协同治理机制建设是其初期实践重点，2016 年三省一市（上海市、江苏省、浙江省和安徽省）与原环境保护部等 12 个部委成立长三角区域水污染防治协作小组，组建水污染防治协作机制。2017 年以跨界临界水源地风险防控为实践重点。自 2018 年长江三角洲区域一体化发展上升为国家战略后，协作小组多次召开工作会议，相继出台长三角区域水污染防治协作实施方案、工作重点、章程及备忘录等。就协同治理运行机制来看，在三省一市主要领导座谈会作出水污染防治协作目标和重点等决策后，协作小组及其办公室进行协调区域水污染防治专项合作，继而由三省一市各专题组执行具体细化目标。太湖流域水污染协同治理是长三角地区效果显著的典型案例。珠三角地区水污染协同治理亦是如此。在设立珠江三角洲区域水污染防治联席会议制度（2015 年）的基础上，地区成立水污染防治协作小组（2016 年），兼具创建工作协调小组、制定决策执行机制、成立专家小组等，多方联动协同治理跨域水污染。

　　同时，多地积极推进河长制工作，通过联席会议、联动巡河、联动协议、联合开展治污专项活动、水质监测联动预警等方式，进行跨域水污染协同治理。

　　政策梳理可以从整体上把握我国跨域水污染协同治理的政策变迁轨迹，从而更好地认识政府跨域水污染治理实践。综上所述，从政策数量和主题演进来看，我国跨域水污染协同治理的相关政策数量呈上升、内容呈丰富的趋势。在萌芽阶段，相关政策内容较少，且散见于相关政策文本中，政策主题多关注水污染事故事后处理、水污染防治计划规划编制等。随着跨域水污染事件频发、属地治理困境等问题出现，国家环保政策在跨域水污染方面的重心有所上升，跨域水污染的相关政策数量在其后的探索阶段及快速发展阶段不断增加，专门规定跨域水污染治理的政策文本开始出现，政策主题愈加丰富，关注跨域水污染区域联动机制、部门协调机制、纠纷处理、生态补偿等。从地方实践应用来看，跨域水污染协同治理的实操方式既有对中央所制定环境政策的执行和落实，又有地方政府的自主创新，进一步归纳政策演进逻辑，我国跨域水污染协同治理的政策理念从问题导向型转变为协同治理常态型、从污染源末端控制向源头控制延伸。萌芽阶段，政府间跨域水污染协同治理多是作为回应流域、跨行政区域水污染事故而出现的，可以说，该阶段每一次较大规模的流域、跨行政区域水污染事件后紧紧伴随着涉水区域事后的不断协调；进入探索阶段及快速发展阶段之后，协同治理成为各级政府治理跨域水污染的常态化理念，协同机制、纠纷解决、区域联动等主题词明显增加，污染控制的侧重点逐步前移，事前控制、前瞻性、预防性等特点开始显现。

第二节　河长制的政策实施情况

从规范性政策表达来看，所谓河长制，是指按行政区域设立总河长，在所有河流设立河长，负责组织协调职责范围内江河湖泊管理与保护有关工作的体制和机制。在诸多的环境制度和政策中，选择河长制作为跨域水污染协同治理的代表性案例，主要原因在于：第一，河长制具有跨域水污染协同治理的典型特征，实现了治污责任在政府不同层级不同部门的横向和纵向协同，包括省域内部和跨省联动两方面。第二，河长制的实施地区最为广泛，开展时间持续性较长。相较于某些暂时性或应急特征的水污染协同治理项目，河长制自地方首创以来一直没有被暂停或终止，这种持续性开展具有较好的研究价值。第三，河长制的影响力广泛而深刻。河长制不仅能够在地方政府之间得到普遍认可，而且还受到中央逐步认可，上升为中国河湖治理的国家意志。

一、河长制的政策变迁

通过查阅北大法宝法律数据库、水利部、各省级政府及相关部门门户网站等获取与河长制相关的中央与地方性法规，将我国河长制的实践概括总结为三个阶段（见图6-3）：第一个阶段是2003～2014年的自下而上的地方探索阶段，此时河长制这一概念尚未在国家层面被正式提出，只是属于部分地方的一些经验做法。第二个阶段是2014～2018年的自上而下的中央推行阶段，河长制作为河湖治理的重要创新制度已上升为国家概念，中央从组织形式、工作职责和主要任务等方面搭建制度框架，并进行全国全面推广。第三个阶段是2018年至今的可持续性全面落实阶段，河长"有名"已然实现，全面推行河长制进入"有实、名实相符"的新阶段。

（一）自下而上的地方探索阶段

2003～2014年，河长制实践在全国出现零星的探索和地方经验。这一时期河长制推行处于缓慢发展阶段，其主要原因在于河长制的政策体系尚待完善、政策内容与框架也亟待明确，国家层面并未出台河长制相关政策规定。在没有中央政府规制压力的情况下，多数地区并不急于推行河长制，皆处于政策效果观望状态。这个时期的主要事件有：

河长制概念萌芽——浙江省长兴县。就官方正式文件而言，河长制这一概念较早出现于浙江省湖州市长兴县。2003年10月8日，长兴县委下发了河长制的有关通知，任命水利局局长、环卫处处长为城区河道"河长制"负责人，分别对4条河道8个河段、2条河道10个河段的清淤、保洁等整治行

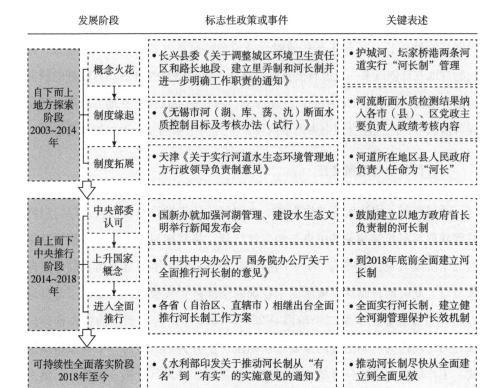

发展阶段	标志性政策或事件	关键表述
自下而上地方探索阶段 2003~2014年 — 概念火花	• 长兴县委《关于调整城区环境卫生责任区和路长地段、建立里弄制和河长制并进一步明确工作职责的通知》	• 护城河、坛家桥港两条河道实行"河长制"管理
制度缘起	• 《无锡市河（湖、库、荡、氿）断面水质控制目标及考核办法（试行）》	• 河流断面水质检测结果纳入各市（县）、区党政主要负责人政绩考核内容
制度拓展	• 天津《关于实行河道水生态环境管理地方行政领导负责制意见》	• 河道所在地区县人民政府负责人任命为"河长"
自上而下中央推行阶段 2014~2018年 — 中央部委认可	• 国新办就加强河湖管理、建设水生态文明举行新闻发布会	• 鼓励建立以地方政府首长负责制的河长制
上升国家概念	• 《中共中央办公厅 国务院办公厅关于全面推行河长制的意见》	• 到2018年底前全面建立河长制
进入全面推行	• 各省（自治区、直辖市）相继出台全面推行河长制工作方案	• 全面实行河长制，建立健全河湖管理保护长效机制
可持续性全面落实阶段 2018年至今	• 《水利部印发关于推动河长制从"有名"到"有实"的实施意见的通知》	• 推动河长制尽快从全面建立到全面见效

图 6-3 河长制政策变迁

资料来源：笔者绘制。

动进行全面负责。此时，长兴县实行的河长制是以环境卫生管理为目标，依托于县委主导的创建国家卫生城市治理，并非专门针对河湖治理。河长只是个负责人概念，并没有真正成为一项制度，但"河长制"一词仍浸透着语言形式的创新，部门领导负责制的做法也是对河湖治理的有益探索。

河长制制度缘起——江苏省无锡市。学术界和实务界普遍认为地方各级行政首长负责的河长制首创于江苏省无锡市。为应对 2007 年太湖蓝藻危机，同年 8 月 23 日，无锡市政府任命市委、市政府及相关部门领导分别担任 64 条主要河流的"河长"。无锡河长制的实施构建了河流治理多层次体系，并得到上级政府的大力支持。2008 年 6 月，江苏省政府对 15 条入湖河流实行"双河长制"，河长制实施范围扩至整个太湖流域；2010 年 12 月，江苏省在全省河道建立"河长制"；2012 年 9 月，江苏省政府下发河长制的省级纲领性文件，江苏成为首个全面推广河长制的省份。

河长制制度拓展——天津、浙江等地。因太湖流域治污效果显著，河长制的实践操作和治污经验受到众多地方的积极借鉴。例如，天津于 2013 年1 月出台相关意见，要求将河道所在地区县人民政府负责人任命为"河长"，即水生态环境管理的第一责任人；同年 11 月，浙江也出台意见，要求在2013 年底前实现河长制的省市县乡镇四级全覆盖。河长制逐步从局部探索扩展为区域推行。

（二）自上而下的中央推行阶段

2014~2018 年，中央全面推行河长制的设想从理论走向实践，河长制实施的工作方案、制度、机构等陆续制定或成立，河长制顶层设计已初步搭建完成。这个时期标志性的事件有：

（1）河长制受到中央部委认可。河长制在局部试点地区水污染治理方面取得了良好效果，使其开始为中央政府所接受和吸纳。2014 年 3 月 21 日，水利部常务副部长矫勇主持召开了"强化河湖管理，建设水生态文明"新闻发布会，鼓励建立以地方各级行政首长负责制的河长制，同时，水利部还将进一步提高河湖保护技术标准及相应规程规范水平。继水利部官方公开表态后，福建、江西、海南、北京等地相继发布河长制的工作方案，尝试"河长治河"创新做法，成为新一轮省级政策试点。

（2）河长制成为环境治理的制度安排。2016 年 12 月，《中共中央办公厅国务院办公厅关于全面推行河长制的意见》将河长制定位为完善水治理体系、保障国家水安全的制度创新，明确提出在 2018 年底全面建立河长制，标志着河长制已经定格为中国河湖治理的国家意志。随后，"河长制"一词多次出现在国家领导人话语体系中。

（3）河长制进入全面推行阶段。在中央动员号令下，各省开始加快全面推行河长制的各项工作，河长制开始由点及面地全面推广及铺陈开来。截至2017年底，省级行政区均已颁布河长制工作方案。截至2018年6月底，河长制工作方案进一步延伸并形成省、市、县、乡四级，河长体系全面建立，社会共治正在形成，民间河长不断涌现。河长制在全国的全面推行进程至此基本接近尾声。

（三）可持续性的全面落实阶段

与政策要求相比，地方推行河长制的实践提前半年实现全面建立河长制目标，目前正处于推动河长制"有实"、全面见效，实现名实相符的新阶段。为此，水利部印发《关于推动河长制从"有名"到"有实"的实施意见的通知》，并就河长湖长履职担当、河湖健康评价等问题发文。随后，全国各直辖市分别出台文件，完善相关法律制度，海南、江西、重庆等地相继出台河长制条例或河长制规定，细化实化河长制湖长制工作任务，让河长履职将有章可循、有法可依。综合来看，河长制走过了一个地方率先探索、中央逐渐认同、全国全面实施和全面见效的发展历程。

二、河长制的实施情况

本部分的内容力求从组织架构和治理过程两方面展现我国河长制的实施动态，并以此为视角揭示当前跨域水污染的运行实况。所使用的原始资料主要涵盖中央部委及各省河长制相关文件，如河长制工作方案、实施方案、河长制规定、工作管理规范等，以及各省河长制办公室文件等。

（一）河长制的组织架构

组织架构部分主要探讨的是多维治理主体之间结成的权力关系，具体内容涉及协同治理的权责配置、机构设置、制度建设等内容。对于河长制而言，其组织架构或者说其运行主要依托河长权责的制度化配置、河长制办公室及河长制工作领导小组的组织化设计，以及河长会议制度等一系列配套制度的系统性支撑（见图6-4）。

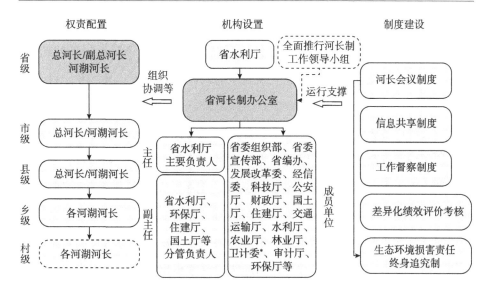

图6-4　河长制组织架构

注：＊图中"卫计委"之于2018年3月撤销。

资料来源：笔者绘制。

1. 权责配置：河长权责的制度化配置

权责配置是协同治理组织结构中的关键所在，通过对权责结构进行制度化配置，可以对水污染协同治理主体间的权责关系进行科学界定，理顺和重塑，为打造高效率治理体系打下基础。对于河长制而言，河长既是其最大特色，也是核心所在。河长体系的具体构成如下：一是总河长，由党委、政府主要负责领导兼。二是主要河湖河长，由省委、省政府领导担任相应河长，由河湖所流经市、县（市、区）和乡镇的党委、人大、政府、政协相关领导担任分级分段河长。在全面推行河长制的地方实践中，河长体系得到不断发展和丰富，主要体现在河长链首尾两端。一是丰富河长链首端。如实行"双河长"，甘肃、黑龙江、四川等地提出建立党委、政府主要负责领导担任河长的"双河长"工作机制；引入副总河长，如北京、安徽、辽宁、山东、河南、新疆、西藏等地在设立总河长之外，提出设立副总河长。二是延伸河长链尾端。部分省政府结合自然河系与行政区域，在河长链中不同程度将引入村级基层，诸如安徽、山东等提出各地可根据实际情况将河长制延伸到村；江苏、河南、黑龙江等则提出建立覆盖全省河湖的省、市、县、乡、村五级河长体系。

河长制以各级党委、政府主要负责人担任河长，同时亦是将水污染治理的组织领导职责赋予地方各级主要党政官员，即各级总河长和河长，实现了水污染治理的责任主体具体明确。而党政一把手的重视与权责包干到个人，能够通过强政治压力消除政策模糊性与治理政策冲突性[119]。2017年第二次修正的《水污染防治法》增加了关于实施河长制的规定，为河长制实施提供法律依据。然而，部分学者对河长制的法治要素提出异议，他们指出，第二次修正的《水污染防治法》尚未涉及其性质、地位、职权和程序等，为地方政府提供操作和裁量空间[203]。

2. 机构设置：河长体系的组织化设计

河长制能否达到预期效果，既要考虑河长权责在各级分配的合法性和合理性，又要考虑制度的执行机构和人员，稳定的机构以及专业化的工作人员对于治理目标的实现至关重要。《中共中央办公厅 国务院办公厅关于全面推行河长制的意见》对河长制的机构设置进行原则性规定。《关于进一步强化河长湖长履职尽责指导意见》明确河长办要充分发挥组织、协调、分办、督办作用，并细化了河长办的具体职责。在地方实践中，多数省份首先成立全面推行河长制工作领导小组（以下简称领导小组），如天津、江苏、四川、西藏等。领导小组负责贯彻落实全面推行河长制的决策部署，发挥组织制定、统筹协调、督促检查等职责。领导小组组长多为省级党政负责人，与治水有关的环保、水利、农业和建设部门的人员组成小组。同时，河长制办公室成立于河长制协调之下，其职责包括负责组织落实河长制的具体工作，履行组织、协调、督办职责，落实总河长、河长确定的事项等。

表6-1从领导配备和机构设置两维度统计描述了省级河长办设置情况。

从机构设置和人员构成来看，省级河长办公室多设于水利部门，其成员基本上覆盖了党委、政府有关职能部门，其中有组织、宣传、编制、发展改革、财政、水利、生态环境、自然资源、交通、林草、农业农村、公检法等，能够有效整合所有与治水相关的职能部门如环保、住房城乡建设、水务、农业、城管等力量，实现跨部门的协同治理。地方党政一把手及涉及水的行政管理部门负责人同时担任河长制领导小组、河长制办公室的负责人，水利、环保等部门临时抽调人员组构办公成员。有学者表示，由河长制办公室进行治理决策，在不增加人员编制、有效节约行政成本的同时，能够实现机构间信息沟通、资源合理调配，有效解决突发水环境危机[204]。但也有学者的实践调研发现，河长制办公室在人员稳定性、业务熟悉性以及工作交接等方面存在问题[205]。

表6-1　省级河长办公室设置情况

	领导配备			机构设置		
	主任		设立专职副主任	承担河湖长制日常工作	兼职河湖长制日常工作	河长办协助机构
	副省级政府领导	省水利部主要领导				
北京市		√	√	√		
天津市		√			√	√
河北省		√		√		
山西省	√			√		
内蒙古自治区		√	√		√	
辽宁省	√				√	√
吉林省	√				√	
黑龙江省	√		√	√		√
上海市	√			√		√
江苏省		√		√		
浙江省	√					
安徽省		√		√		

续表

	领导配备			机构设置		
	主任		设立专职副主任	承担河湖长制日常工作	兼职河湖长制日常工作	河长办协助机构
	副省级政府领导	省水利部主要领导				
福建省		√	√		√	√
江西省	√		√	√		
山东省		√			√	
河南省		√		√		
湖北省		√	√	√		
湖南省	√				√	
广东省	√		√		√	
广西壮族自治区	√		√			√
海南省	√				√	
重庆市		√		√		
四川省	√				√	√
贵州省		√		√		
云南省		√		√		
西藏自治区	√				√	
陕西省		√			√	
甘肃省		√			√	√
青海省		√	√		√	√
宁夏回族自治区		√			√	
新疆维吾尔自治区	√				√	
合计	14	17	9	15	15	11

注：承担河湖长制日常工作是指在水利（务）厅（局）内部设立河（湖）长制工作处承担河湖长制日常工作；兼职河湖长制日常工作是指在水利（务）厅（局）内部设立河湖管理（保护）处（河湖运行处）兼职河湖长制日常工作；河长办协助机构是指成立河长制事务中心、河湖管理保护中心（局）等事业（或参公）单位协助河长办工作。

资料来源：图片自制，数据来源于四川省人民政府：关于优化河长制办公室的思考与建议。

3. 制度建设：配套制度的系统性支撑

制度环境构成制度执行的基础。为推行河长制，各级政府出台了一系列辅助性配套制度,典型如河长会议制度、信息共享制度、工作督察制度等,为河长制宏观执行环境的营造和可持续发展提供重要支撑。其中,河长会议制度重点在于研究决定河长制重大决策及重要规划、分解河湖管理保护和河长制工作要点、年度目标任务等,是开展具体的水污染协同治理工作的联动平台。根据参与人员和研究议题的不同,实践中河长会议制度可分为总河长会议、河长会议、河长制办公室会议等方面。信息共享制度聚焦于消除河湖水域岸线、水资源、水质、水生态等方面信息孤岛。工作督察制度则是针对河长制工作方案制定、组织体系的建设、制度建立、河长制任务推进、"一河一策"、"一湖一策"实施方案编制及实施等情况,为落实河长工作职责,提升其工作效率服务。此外,差异化绩效评价考核、责任终身追究制也为河长制实施架构起完整的治理监督机制。但学者系统考察河长制配套制度后表示,各项制度的发展参差不齐,例如,考核存在"自考、表扬和自我表扬"等问题,鲜见"一票否决"[204]。

(二)河长制的治理过程

对于河长制而言,其治理过程或者说其运行主要包括确定协同目标、分解协同任务、协调协同行动等内容。

1. 目标确定:自上而下科层制推进

确定协同目标是跨域水污染协同治理的起点,亦是河长制实践落实的出发点。西方协同治理理论在谈到协同过程时多是从交流开始,强调利益攸关方之间的沟通。本章认为,以交流作为起点固然有其合理性,但无论是面对面对话,还是原则性接触,该环节的产出多是治理主体就公共问题的解决方案或行动规则。协同治理的目标即指治理主体无法或不愿单独达成、需要一起行动实现的期望结果,就是该环节的一项重要产出。与省、市、县、乡四级河长体系相对应,确定协同治理目标是每一级政府推行河长制时首要面对的问题。在河长制的实践中,就每一级政府所确定的水污染或跨域水污染协同治理目标而言,在目标内容和确定形式等方面,具有同一逻辑的复制性,且多是在政策文件中予以明确。这一点可以用我国政府科层权威关系中的目标设定权进行解释。所谓目标设定权,产生于组织内部的委托一方,他们对其下属具有一种控制权,主要体现在为其设定具体的目标和任务,而在设定的过程中,既可能是委托一方单方面的制定,又可能是委托方与管理方两者进行协商[206]。

对于河长制来说,中央政府拥有最高的目标设定权,通过正式的过程如发布《中共中央办公厅 国务院办公厅关于全面推行河长制的意见》,设立河长制的目标任务。中央政府并不直接参与污染治理,而是将管理权委托给各省级政府,其在宏观层面进行部署、指导和督查。因此中央政府所确定的水污染协同治理目标属于顶层设计类,指导性强且涵盖范围广泛。省级政府则是在六大任务的框架内负责制定符合本辖区实情的河长制工作方案。纵观各省河长制文件,尽管各地落实河长制工作的协同治理目标或阶段性目标可能不同,或关注水质或关注水量,但皆是在中央顶层设计的统一目标之下。若将中央政府作为水污染治理的委托者,省级政府则是一级代理者兼二级委托者身份。实际上,省级政府也并未直接参与污染治理,将管理权委托给水域沿线市级地方的同时,进行行政、制度等全面督察。对于市级、县级甚至乡级政府而言,不仅要执行和落实上级河长关于水环境治理的相关部署和规划,同时要指导当地各级河长制工作的落实,其面临水污染协同治理目标的确定实质上是涉及任务分解内容。

2. 任务分解:纵横交错会议制细化

任务分解的过程反映了治理主体对愿意参与未来协同行动的前提性意思表达。已有协同治理理论研究文献也将其称为承诺,并提出利益攸关方对协同承诺的水平是解释协同成功或失败的关键变量。在河长制实践中,跨域水污染治理任务的分解可以理解为一种具化为协议的承诺。跨域水污染协同治理主体之间制度性的承诺,意味着各治理主体拥有参与协同行动的意愿并愿意付诸实践。

就内容而言，跨域水污染治理任务分解是明确责任主体及个人责任范围等过程。任务分解的目的在于将责任与具体职能部门和责任人挂钩，实现治理责任清晰化。就任务分解的方向来看，可概括为纵横交错。首先是以行政层级为基础的纵向分解。在省级政府制定全面推行河长制工作方案、确定本辖区水环境协同治理的总体目标之后，多会同时召开全面推行河长制工作座谈会或领导小组会议或专题会议等，安排部署省域各地河长制工作目标及任务。市、县层面则在明确河长制工作重点和时间节点的基础上，进一步结合本地实际补充细化河长制任务。其次是横向分解。对于每一级地方政府来说，河长制均实行以本级党政负责人为组长，有关职能部门协调参与的领导负责制，实行横向任务分解。党政负责人与不同的职能部门主要负责人明确分工责任，协同配合工作，共同执行协同工作任务。蒋敏娟[207] 指出，这一合作是政府处理跨部门事件的常用方式之一。就任务分解的实现载体来看，多是通过总河长会议、河长会议、河长办公室会议或者专题会议等，部分地方政府还在任务分解过程中以责任书、责任分工表、责任清单等形式实现水污染治理责任和任务的清晰化和精准化。

如果从公共政策的过程来看，河长制实践中目标确定和任务分解皆可归入决策制定环节。高家军[204] 表示，在该环节未能给予公众充足的参与权与话语权。本章认为这一点可以从我国权力结构的现实进行解释，相较于政府治理，公众等治理主体尚未具备足够的独立行动能力，其所拥有的资源、能够发挥的作用，以及所拥有的活动空间目前都还比较有限。但在河长制的后期改革完善过程中，可拓展社会公众参与机制，如在制定治污决策过程中征求公众的意见，维护公众的知情权和参与权。

3. 行动协调：河长办综合性协调

在决策制定之后，接下来就要进入执行和实施环节。在该环节，此前达成的承诺或制度化承诺即协议发挥效力，治理主体以个体行动或互动将协同任务分配付诸实践。与任务分解环节相呼应，在河长制实践中，协同行动可划分为纵横两向协同行动。其中，前者是指政府机构中不同层级之间，如上级政府与下级政府的协同行动；后者则指不同职能部门之间的协同行动。

跨域水污染的处理涉及大量的职能部门，河长制推行前，"环保不下河，水利上不了岸"的管理难题时有发生。因此，在水污染协同治理行动中，要实现治污责任协同，职能部门之间的磋商与沟通必不可少。该目标的实现需要一个平台辅助，既负责"上传下达"，又具备协调各个部门的权力及其资源。河长办公室应运而生。作为常设治水协调机构，河长办公室多设置在水务厅（局），以本级主要党政领导人或者水利部门主要领导为局长，确立纵向层级和横向职能部门协调的共同权威。就角色定位而言，河长制办公室是河长制工作的组织协调者、调度督导者，是信息传递的中枢，也是承上启下、联系各方的纽带和桥梁，其主要职能是并非代替职能部门执行治污任务，而是在沟通协调的基础上合理配置各部门责任进行，并对上级指示、重点事项等进行传达。但有学者在实践调研中发现，受实际级别和成员组成、行政编制等限制，"河长办"实际作用发挥依赖于河长权威[208]。

第三节 个案剖析：四川省沱江流域河长制实践

充分认识河长制下协同治理的运作逻辑，仅从分析模型或理论框架进行归纳是不足够的，分析模型的构建终究需要在实践中进行检验。基于此，本节通过典型案例分析，努力呈现河长制下跨域水污染协同治理实践形态。

一、案例选取

四川省沱江流域污染协同治理为观察河长制实践提供了良好的案例，主要是考虑到：首先，沱江流域河长制具有跨域污染协同治理的典型特征。作为四川省重要河流之一，自北向南流经省内德阳、成都、资阳、内江、自贡、泸州等市，四川省境内干流长占流域干流达99.69%，流域面积占比达92.65%[209]。为保障河湖健康，四川省于2017年开启全面推行河长制进程，将沱江列入省内十大主要河流，通过落实河长制全面推进沱江流域综合治理。跨越省内数市，意味着沱江此类跨域河湖常常面临管理不畅、协调困难的局面，治理绝不是一方责任。其次，沱江流域河长制效果显著。就四川全省各流域水资源开发强度而言，沱江居首，同时亦是水污染防治的"硬骨头"。四川省生态环境厅副厅长雷毅表示，"在四川省长江流域，沱江污染最严重"。自河长制实施以来，沱江流域国家考核断面水质优良率由2017年的6.2%提升至2021年1~8月的100%[210]。最后，沱江流域河长制实施的相关资料可以通过公开或者半公开的渠道获得。基于此，本书选择四川省沱江流域河长制为分析对象，透视河长制在跨域河流协同治理的实施情况。

二、河长制下沱江流域协同治理情况

本节遵循本章第二节构建的协同治理制度安排框架，从组织架构和治理过程两方面揭示了沱江流域河长制的运行模式及执行情况，以此为切入口窥得跨域水污染协同治理的情况。

（一）沱江水污染协同治理的组织架构

基于沱江流域（四川段）河长制责任体系，结合沱江流域各市河长制实施政策文件、部门资料等，构建沱江流域水污染协同治理的组织架构（见图6-5）。

在整体层面从权责配置、机构设置、制度建设三方面解构沱江流域污染协同治理的组织架构。一是权责配置方面：根据《四川省沱江流域水环境保护条例》规定，沱江流域建立省、市、县、乡河（湖）长制。在实践运行中，由两位省领导（四川省委副书记和副省长）出任沱江省级河长，由各市

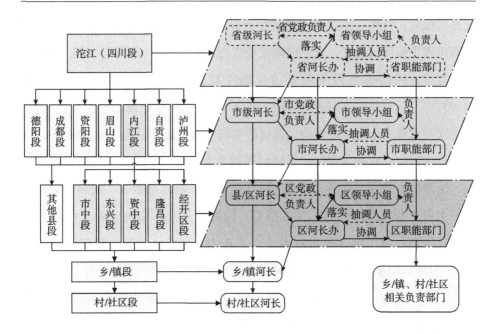

图6-5 沱江流域污染协同治理组织架构

资料来源：笔者绘制。

县党委、政府主要负责领导任分段河长。二是机构设置方面：全面落实河长制工作领导小组和总河长办公室、河长办公室是四川省河长制机构设置的核心。这一机构组合从省到市、县区再到乡镇皆有设置。其中，领导小组发挥统筹协调作用，并对河长制的重要政策措施进行制定、组织落实；领导小组决定的各项事项则由河长制办公室统筹协调、监督和落实，河长制办公室也负责河制的具体组织实施和监督执行。三是制度安排方面：除了常规的河长会议、信息共享、巡河督察等配套制度外，四川省还针对沱江流域进行制度创新。例如，推出组合治理制度，包括编制整体规划、行动方案、保护方案等；完善立法保障，出台流域单独立法《四川省沱江流域水环境保护条例》等。

（二）沱江水污染协同治理的过程

沱江流域水污染协同治理的实际运转离不开组织架构的支撑。接下来，在组织架构图的基础上进一步分析沱江流域污染协同治理过程。一是在确定协同治理目标方面：四川省在沱江流域污染协同治理的目标任务、工作重点等主要是通过专题会议等确定。在 2017 年 2 月，沱江被四川省纳入省级河长制管理全省十大主要河流领域。同年 6 月和 8 月，省全面落实河长制工作领导小组副组长、沱江河长围绕沱江流域综合治理这一研究主题，相继主持召开沱江流域治理督导工作专题会议和沱江流域治理工作专题会议。二是在分解协同治理任务方面：上级河长领导、统筹下一级河长开展工作，并通过将年度目标任务分解到下级河长、同级职能部门。以四川省内江市为例，按照省级沱江流域治理要求，内江市相继召开市河（库）长制办公室沱江河长制工作专题会议、"一河一策"工作会、市级河长第一次例会等，印发《沱江内江段河长制工作联席会议制度》《沱江内江段河长制工作职责分工》《沱江内江段 2017 年度河长制工作重点任务和推进计划》，编制形成"四张清单""一河一策"管理保护方案等，以此明确沱江（内江段）河长制工作年度任务和目标要求。内江市下辖各县（市、区）亦是按照同一逻辑明确本级政府沱江治理目标与任务。内江市下辖隆昌市还与镇、村、社及相关单位签订沱江（隆昌段）管控目标管理责任书。同时，内江市成立市全面落实河长制工作领导小组，相应市级主要河流和重点水库实行河（库）制工作的第一负责人为领导小组成员，以此进行横向同级职能部门任务分解。三是在协调协同治理行动方面：以各级河长制办公室为核心，督导同级职能部门及下级政府同步全面落实河长制各项工作。还是以四川省内江市为例，内江市现已成立市河（库）长制办公室，负责协调、督促、落实领导小组、总河（库）长会议确定的事项。

此外，为统筹沱江流域与区域管理，有效解决沱江跨市管理保护重点难点问题，四川省沱江流域各市办就沱江治理问题签订多项合作协议。例如，岷江沱江中上游成都、德阳、乐山、资阳、阿坝、眉山、雅安七市（州）就协调机制、联席会议签署协议；成都、德阳、自贡、泸州、内江、资阳六市就突发环境事件联防联控签订协议;成都、自贡等七个沱江流域市就生态保护补偿签署协议等。

（三）沱江水污染协同治理存在的主要问题

沱江水污染政府协同治理的组织架构和治理过程基本上满足跨域水污染协同治理的基本要求。然而,目前在沱江水污染协同治理实践中仍存在一些现实问题,主要体现在:

第一,水污染协同治理的协调机制有待优化。一是区域组织交流频度欠缺。专题会议、联席会议等是跨域水污染协同治理的主要组织交流方式。就沱江水污染治理而言,一年一次或两次的沱江流域污染治理工作专题会议、岷江沱江流域七市（州）河长制工作联席会议是涉水区域协同交流的平台,常态化的组织沟通机制尚未形成。二是缺乏流域层面污染综合治理协调机制。目前,沱江流域上下游地区虽然建立联席会议制度,组建多个联动协调机构,但在不同区域范围内建构多个协同要素,缺乏中心协调机制和顶层设计,会使各区域水污染治理"多中心"甚至"碎片化",无法有效协调流域上下游、干支流、左右岸关系,致使沱江流域尚未真正形成系统推进的水污染防治局面。四川省环保厅原厅长姜晓亭亦表示,沱江流域污染治理的问题反馈和协调机制尚未实现常态化长效化,监督、执法等在跨区域方面存在合作不足问题[211]。因此,有必要建立沱江流域管理委员会,并将其作为统一的流域水资源综合管理机构,在总揽全局、协调各方中发挥作用。

第二,水污染协同治理的资源保障机制有待优化。信息、资金、技术等资源的充分利用和持续保障是实现跨域水污染协同治理有效性的支撑因素。当前,沱江水污染协同治理中资源保障情况有待进一步优化。一是信息资源共享有待优化。虽然少数地区通过信息化建设开发信息管理平台,如内江市的"钉钉+河长"及"沱江流域在线监测",成都市组建河湖保护和智慧水务中心等,但信息共享在多数区域存在执行不到位、信息更新慢、实用信息少、信息数据库和平台建设不同程度滞后等问题,在一定程度上影响了协同治理主体间的信息对接。二是水污染治理资金供给短缺。财政供给是现阶段跨域水污染协同治理实践的主要资金来源。由于水污染问题的复杂性和长期性，水污染协同治理多存在资金缺口。在沱江水污染协同治理中，以补齐基础设施短板为重点的资金为例，此类资金主要由财政供给，相较于基础设施前期建设资金投向固定而言，基础设施后期运维的费用保障是相对缺乏的。基础设施建设后期各环节财政资金支持力度存在不协调性，在一定程度上影响了地方政府对水污染治理的积极性。三是技术创新有待强化。当前沱江流域水污染治理技术应用领域有待拓展，如重点工业行业废水深度治理与利用、重点风险源风险管控等值得进一步探索；水环境监测的范围仍需拓宽，数字化程度尚需提高；科技投入不平衡现象仍然存在，沱江流域上下游各市在科技创新投入等方面存在较为明显的地域差距，就科研经费投入来看，2019 年成都市这一经费占 GDP 的比例达 2.56%，而资阳市的占比仅有 0.18%。

第七章 跨域水污染协同治理的效果评价：以河长制为例

本章以河长制作为跨域水污染协同治理的一个典型代表，将七大流域河长制的推行视为准自然实验，基于七大流域水质监测数据，运用三重差分模型考察跨域水污染协同治理的效果。本章结构安排为：第一节提出特征事实说明；第二节进行研究设计，包括数据来源、模型构建、变量选取等；第三节进行实证结果分析，包括基准回归、稳健性检验、内生性处理、影响机制检验以及异质性和经济效应的拓展性讨论等。

第一节 河长制治污成效特征事实

作为跨域水污染协同治理的典型案例，河长制的水污染治理效果如何？河长制对边界水污染治理产生何种影响？现有文献研究尚未得出明确一致的结论。在进行严谨实证分析之前，可以通过特征事实描述获取初步证据。根据网络检索各地河长制治理成效的新闻发布会、新闻报道等，发现河长制实施后的水环境效果既有河流湖泊水质改善的环境红利，也有河长制空转、有制无治的环保"空白账"。

就环境红利而言，比如在河长制发端地江苏省无锡市，河长制实行一年，辖区内主要河流的考核断面达标率由53.2%上升至71.1%。2013年，13条入太湖的主要河流全部淘汰劣V类水。再如，海南省河长制推行一年，水质达标率从4.7%上升到43.8%；天津市河长制实行三年，河道水环境质量显著提升，考核优秀的河道长度同比提高23%，水体感官黑臭河道长度同比下降4%；相较于2015年，江西省地表水质达标率在2017年提升了7.5%，重要江河湖泊水功能区水质达标率提升了5.3%；四川省优良水质国考断面达84个，比未全面推行河长制前增加21个[212]。但环保"空白账"的例子亦不鲜见：例如云南省保山市东河流域，在四级122名河长（市级2名，区级5名，乡（镇）级36名，村级79名）任职期间，东河水质持续恶化，沦为纳污河，由2018年III类降到2020年劣V类；而该市河长办考核报告却显示：2019年和2020年保山市纳入考核地表水水质达标率均为100%[213]。

综上可见，河长制的治污效果并未得到基本事实的完全支持，为了准确评估河长制对跨域水污染治理的影响到底体现为成效明显还是未达预期，本章第二节至第三节将采用差分模型进行更规范的检验。

第二节 研究设计

一、数据来源

本章所使用的数据主要包括以下三个部分：一是2008～2018年中国七大流域水质数据，涵盖主要流域重点断面水质状况、断面位置信息等，来源于中国环境监测总站公布的《全国主要流域重点断面水质自动监测周报》（更新至 2018 年）。考虑到样本的可比性，剔除直辖市样本，只保留地级城市样本。数据样本覆盖七大流域 97 个水质监测站点所在 20 个省（因样本数据缺失，我国西藏自治区，香港、澳门特别行政区，台湾地区的样本数据暂未涵盖）的 76 个地级市（地区、自治州、盟）。二是地级市推行河长制数据。根据主要流域重点断面地理位置信息确定相应地级市，手工整理各水质监测站点所在地级市推行河长制的年份信息：通过北大法宝 V6 官网（https：//www. pkulaw. com/），以"河长制"或"河长"为关键词检索各地级市官方文件，包括地方性法规、地方政府规章、地方规范性文件等，得到各地级市推行河长制的年份；进一步百度检索各地级市与河长制相关的新闻报道，与之前的年份信息进行交叉比对，以确保手工整理年份结果的准确性。三是地级市层面的经济社会及地理气候数据。其中，经济、社会、人口、地理等数据主要来源于《中国城市统计年鉴》；气候数据源自各省统计年鉴，并通过检索后知气象平台官网（http：//hz. zc12369. com/home/）对部分地级市缺失的气候数据进行补充。

本书将主要流域重点断面水质自动监测周报数据转换为年度数据，利用城市和年份将这三部分数据进行匹配。由于水质监测站点年度个数差异以及监测站点设备维修、河流断流期等原因，导致水质监测数据存在时间和站点上的缺失，最终形成包括水质监测指标、河长制实施数据和地级市经济社会地理气候数据的非平衡面板数据，有效样本时间跨度为 2008~2018 年。

二、模型构建

水环境质量是否真正改善是跨域水污染协同治理效果评价首要回答的问题，因此基于七大流域水质监测站数据，考察河长制对跨域水污染治理的影响。标准差分模型涉及的政策实施试点或冲击发生时点多为同一时期，即对研究样本设置统一实验时间虚拟变量，而七大流域河长制推进具有逐步式的特征，不同地级市在推行时间选取上存在差异。多期差分法（其他称谓包括时变差分法、异时差分法、渐进差分法、交错差分法）为处理此类情形提供了方法。在模型构建上，借鉴赵阳等[214]检验环保督察中心对边界污染治理效果的思路，引入河长制与水质监测站点省界变量的交互项，采用三重差分模型对比河长制实施前后省界地区和非省界地区河流污染程度的变化。若直接以所有边界地区为研究对象，采用双重差分模型检验河长制治污效果。即使实证结果证实河长制有积极的治理效果，然而，还有一个可能的替代解释，那就是由于河长制实施地区涵盖了整个行政辖区而不仅是边界地区，边界地区污染水平的下降可能是由该地区环境污染水平的总体下降所引起的。而三重差分模型可以有效排除这种竞争性解释。基于此，为了检验第三章第二节所提假设 3-2a，模型具体形式设置如下：

$$Pollutant_{i,t}=\alpha+\beta Policy_{i,t}\times Border_{i,t}+\delta X_{i,t}+u_i+v_t+\varepsilon_{i,t} \tag{7-1}$$

模型（7-1）中，被解释变量 $Pollutant_{i,t}$ 是河流污染的评价指标，该指标含义与第五章第二节所用指标相同，包括 $COD_{Mn_{i,t}}$ 和 $NH_3N_{i,t}$，其数值越大，表明河流受有机物的污染越严重、氨氮含量越高。河长制与水质监测站点省界变量的交互项（$Policy_{i,t}\times Border_{i,t}$）为模型（7-1）的主要解释变量。其中，$Policy_{i,t}$ 表示河长制对水质监测站点 i 在第 t 年的影响，当其为 1 时，表示水质监测站点所在地级市已推行河长制，该水质监测站点受到河长制实施的影响；反之则为 0。$Policy_{it}\times Border_{i,t}$ 捕捉的是河长制实施前后，较之省域内部，省域边界河流污染程度的变化，反映河长制对河流边界污染的治理效果。若交互项系数 β 显著为负，表明相较于省域内部，省域边界地区推行河长制显著降低边界地区河流污染水平，证实跨域水污染协同治理能够有效改善河流水质，实现跨域水污染治理从"以邻为壑"到"守望相助"的转变。$X_{i,t}$ 是可能影响河流水质的一系列控制变量，包括地区经济发展、工业化程度、人口因素、地方财政状况、区域行政面积、降水量、气温等。模型同时控制地区效应（u_i）和时间效应（v_t），$\varepsilon_{i,t}$ 为残差项。

为了检验假设 3-2b，在模型（7-1）的基础上，进一步通过考察年度效应检验跨域水污染协同治理的长期效应：构建河长制实施若干年之后的虚拟变量，检验每一时期的河流污染状况。计量模型如下：

$$Pollutant_{i,t} = \alpha + \sum \beta_k Policy_{i,t}^k \times Border_{i,t} + \delta X_{i,t} + u_i + v_t + \varepsilon_{i,t} \tag{7-2}$$

模型（7-2）中，$Policy_{i,t}^k$ 代表一系列河长制推行年份的虚拟变量。定义 T_i 为水质监测站点 i 所在地级市推行河长制年份，令 $k = t - T_i$，当 $k = 0$ 时，即表示河长制实施当年，定义 $D_{i,t}^0 = 1$，否则为 0；以此类推，当 $k = 1$，2，3，4 时，相应的 $D_{i,t}^k = 1$，否则为 0；当 $k \geqslant 5$ 时，代表河长制实施 5 年及以上，定义 $D_{i,t}^5 = 1$，否则为 0。系数 β_k 衡量第 k 年推行河长制城市与未推行河长制城市的河流边界污染差异。

三、变量选取

（一）河流污染水平

水污染防治和水环境治理既是各级河长的工作职责，也是水污染攻坚战的核心内容，因此以河流水质衡量河长制的环境效益。使用七大流域重点断面水质监测站报告的水质指标作为河长制实施的结果变量。选择化学需氧量（高锰酸钾法）（COD_{Mn}）和氨氮（NH_3N）浓度指数两类具体指标测度河流污染水平。这是评价河流污染常用的重要指标，分别反映河流受有机物等还原性物质污染、氨氮污染的程度，其数值越大，说明河流污染愈发严重。同时选择综合水质（$Quality$）作为稳健性检验。上述水质指标均为负向指标，指标值越大，意味着水质越差，水污染治理成效越差。在中国环境监测总站的统一管理下，水质数据的监测和报送过程均不受地方政府干预，在一定程度上保证了水质数据的独立性和真实性。近年来，已有不少文献利用水质监测站数据研究中国流域污染问题[215-217]。

（二）河长制实施变量

通过北大法宝 V6 官网、百度检索新闻报道等多渠道手工整理各水质监测站点所在地级市推行河长制的年份信息。设置河长制实施虚拟变量 $Policy$，当其为 1 时，表示水质监测站点所在地级市已推行河长制，反之则为 0。

（三）控制变量

选择水质监测站所在地级市的经济发展水平、工业化程度、人口因素、地方政府竞争、地理、气候等，以控制当地的经济社会以及地理气候状况。其中，地区经济发展水平用人均实际 GDP（*pgdp*）表示，以 2008 年为基期，将水质监测站所在各地级市名义 GDP 使用其所属省份的 GDP 平减指数进行平减；地区工业化程度用该地区第二产业占国内生产总值的比例（*industry*）表示；地区人口因素用该地区人口密度（*population*）表示；地方政府竞争（*competition*）用财政收支比即财政预算支出/财政预算收入表示；地理状况采用该地区行政区域土地面积（*area_land*）表示；气候状况采用该地区年平均气温（*temperature*）和年平均降水量（*precipitation*）表示。

对主要变量进行描述性统计，具体结果如表 7-1 所示。

表 7-1 主要变量的描述性统计

变量	说明	均值	标准差	最小值	最大值	样本数
COD_{Mn}	化学需氧量	4.466	4.415	0.841	80.50	945
NH_3N	氨氮	0.780	1.792	0.0198	24.12	945
pgdp	经济发展水平	0.400	0.337	0.0548	2.116	945
industry	工业化程度	0.464	0.105	0.149	0.851	945
population	人口密度	4.568	3.184	0.100	12.08	945
competition	地方政府竞争	2.991	1.706	0.647	17.56	945
area_land	行政区域土地面积	2.166	3.876	0.167	25.34	945
temperature	年平均气温	13.60	5.681	−2.200	24	945
precipitation	年平均降水量	0.924	0.473	0.0418	3.221	945

第三节 实证结果分析

一、基准回归

（一）河长制对河流边界污染治理的总体影响

采用三重差分法对模型（7-1）进行估计，检验假设 3-2a 中跨域水污染协同治理的总体效果，回归结果如表 7-2 所示。第（1）列和第（2）列以 COD_{Mn} 为被解释变量，在逐步控制时间、地区和水系固定效应后，河长制与水质监测站省界变量交互项 $Policy \times border$ 的系数均为负，且至少在 10% 的统计水平上显著，说明随着河长制推行，省界地区河流中 COD_{Mn} 含量逐渐下降。第（3）列和第（4）列以 NH_3N 为被解释变量，此时 $Policy \times border$ 的系数与前两列保持一致，均显著为负，说明以氨氮含量作为水污染的替代指标，河长制对河流边界污染的治理效果依然成立。上述结果表明，相较于省域内部地区，在省域边界地区推行河长制促使边界地区河流中 COD_{Mn}、NH_3N 至少平均下降 0.614 和 0.385 个单位，河流水质得以改善。第三章第二节所提假设 3-2a 得到实证。

表 7-2 河长制对河流边界污染治理的影响

变量	(1)	(2)	(3)	(4)
	COD_{Mn}		NH_3N	
$Policy \times border$	−0.614*	−0.800**	−0.385***	−0.455***
	(0.315)	(0.312)	(0.137)	(0.140)
$border$	2.047***	2.345***	0.562***	0.799***
	(0.532)	(0.613)	(0.195)	(0.212)

续表

变量	（1）	（2）	（3）	（4）
	COD_{Mn}		NH_3N	
pgdp	−0.226	0.491	0.328*	0.542**
	（0.396）	（0.417）	（0.190）	（0.211）
industry	0.191	−1.980	−1.308**	−2.083***
	（1.260）	（1.473）	（0.548）	（0.698）
population	0.301***	0.198***	0.099***	0.066**
	（0.049）	（0.060）	（0.027）	（0.033）
competition	0.210**	0.162*	0.0778**	0.0537
	（0.094）	（0.091）	（0.040）	（0.035）
area_land	0.301***	0.220	0.093**	0.064
	（0.105）	（0.147）	（0.037）	（0.058）
temperature	0.369	0.526**	0.207**	0.263***
	（0.238）	（0.245）	（0.0863）	（0.087）
precipitation	−0.795**	−0.116	−0.365**	−0.102
	（0.371）	（0.356）	（0.165）	（0.159）
常数项	−3.193	−4.535	−2.282*	−2.805**
	（3.806）	（3.886）	（1.352）	（1.394）
时间固定效应	YES	YES	YES	YES
地区固定效应	YES	YES	YES	YES
水系固定效应	NO	YES	NO	YES
观测值	945	945	945	945
R^2	0.374	0.413	0.301	0.348

此外，从 COD_{Mn} 和 NH_3N 的回归系数可发现，河长制实施对边界河流 COD_{Mn} 的改善程度要明显优于 NH_3N。从污染物来源及其治理进行解释：化学需氧量主要来源于造纸、酿酒、皮革制造、纺织品和化学工业等工业部门，工业废水的点源污染占河流化学需氧量主要浓度的大部分；氨氮主要来源于农业肥料的使用，也来源于畜禽养殖，农业活动的面源是氨氮污染的主要原因。相比于农业和生活面源污染，地方政府对工业点源污染的治理更为有效，

政策工具也十分丰富，包括征收排污费、制定污水综合排放标准等。结合两次全国污染源普查（2007 年和 2017 年）来看，10 年以来，主要行业如造纸制浆、皮革鞣制和焦化行业等的化学需氧量排放量至少减少 80%。在农业和生活面源方面，农业面源污染防治对象的多源性、防治技术有效性不足、防治机制缺失等[218]，以及农村生活污水治理比例偏低、治理强度分散、资金筹措力度不够等[219] 仍是农业农村污水治理的短板。由此可见，在全面推行河长制的过程中，农业和生活面源污染依然是全面治理水污染的重点。

(二) 河长制对河流边界污染治理的动态影响

河长制对河流边界污染治理的影响分析表明实施河长制能够显著改善跨域水边界污染问题，那么在不同的时期这一制度效果是否存在差异呢？为验证假设 3-2b 中跨域水污染协同治理的动态效果，根据模型（7-2）检验其动态效应，结果如表 7-3 所示。第（1）列和第（3）列对时间和地区固定效应进行控制，第（2）列和第（4）列进一步控制水系固定效应。从第（2）列和第（4）列估计系数的时间变化来看，河长制对河流边界污染的治理效果呈现先强后弱的规律。具体来看：当被解释变量为 COD_{Mn} 时，在河长制实施后第 1 年其治理效果显现，在第 2 年河长制对河流边界污染的治理效果增强，随后第 3~5 年期内其影响逐渐减弱，甚至经历了不显著，在第 5 年及以上其治理效果开始转为不显著；当被解释变量为 NH_3N 时，在河长制实施当年其影响效果显现，在第 2 年河长制对河流边界污染的治理效果迅速增加，随后该影响逐渐减弱。第三章第二节所提假设 3-2b 得到实证。这种非线性的动态变化反映出河长制的河流边界污染治理效果没有表现出长期可持续性，短期内治理效果可能来自自主实施地区面临的严重治污压力，或是 2017 年及以后政策跟进地区的绩效评价达标压力。同时，这种非线性的动态变化可能与河长制相关制度不健全、河长行为特征及其面临政治压力的不确定性密切相关。

表 7-3 河长制对河流边界污染治理影响的动态效应

变量	(1)	(2)	(3)	(4)
	COD_{Mn}		NH_3N	
$Policy^{当年} \times border$	-0.530	-0.626	-0.401**	-0.441***
	(0.475)	(0.469)	(0.168)	(0.168)
$Policy^{第1年} \times border$	-0.931**	-1.002***	-0.389**	-0.415**
	(0.383)	(0.378)	(0.196)	(0.197)
$Policy^{第2年} \times border$	-0.712	-1.011*	-0.529**	-0.654***
	(0.532)	(0.525)	(0.206)	(0.205)
$Policy^{第3年} \times border$	-0.085	-0.538	-0.265	-0.421**
	(0.807)	(0.792)	(0.194)	(0.191)
$Policy^{第4年} \times border$	-0.430	-0.864*	-0.300	-0.445**
	(0.512)	(0.474)	(0.204)	(0.197)
$Policy^{第5年及以上} \times border$	0.059	-0.544	-0.100	-0.291*
	(0.407)	(0.398)	(0.152)	(0.157)
$border$	2.049***	2.351***	0.562***	0.803***
	(0.534)	(0.617)	(0.195)	(0.213)
$pgdp$	-0.220	0.481	0.328*	0.535**
	(0.398)	(0.417)	(0.190)	(0.210)
$industry$	0.226	-1.931	-1.300**	-2.065***
	(1.262)	(1.478)	(0.549)	(0.699)
$population$	0.304***	0.201***	0.101***	0.068**
	(0.049)	(0.060)	(0.027)	(0.033)
$competition$	0.215**	0.163*	0.078**	0.053
	(0.094)	(0.092)	(0.040)	(0.036)
$area\_land$	0.301***	0.223	0.093**	0.066
	(0.106)	(0.147)	(0.037)	(0.058)
$temperature$	0.367	0.523**	0.206**	0.262***
	(0.239)	(0.246)	(0.087)	(0.087)
$precipitation$	-0.782**	-0.110	-0.357**	-0.096
	(0.371)	(0.357)	(0.164)	(0.160)
常数项	-3.234	-4.549	-2.293*	-2.813**
	(3.823)	(3.893)	(1.357)	(1.398)

续表

变量	(1)	(2)	(3)	(4)
	COD_{Mn}		NH_3N	
时间固定效应	YES	YES	YES	YES
地区固定效应	YES	YES	YES	YES
水系固定效应	NO	YES	NO	YES
观测值	945	945	945	945
R^2	0.374	0.413	0.348	0.348

这一结果可能源于以下事实：河长制目前尚处于成长阶段，在河流污染治理特别是跨省治理的实践中还存在薄弱环节：一方面，跨省域河长制的实现方式有待进一步明确。省域范围内的河流边界污染协同治理可通过省—市—县—乡河长的责任链条，由上级河长进行统筹协调。而跨省域河流污染治理方面，河长之间如何协作的组织体系、工作机制等尚不清晰。另一方面，河长制协同治水面临监督和考核不足的现实困境，由此形成内在匮乏的治理动力的和外在低强度的考核压力，很难支撑河长制完美运行。河长在身负统筹管理河湖污染治理职责的同时，亦有与地方经济发展相关的政绩考核要求。地方政府在财政收益、经济指标考核与河流污染治理的"两难选择"影响跨省河流污染治理的长期效果，这仍是河长制实施中的难题。在上级监管缺失或考核力度较弱时，地方政府对于河长制相关措施执行动机和执行力度相对较弱。从河长制考核实践来看，河长巡河走形式、巡河记录弄虚作假、不巡而报、巡河不查河、查河不治河、河长制公示牌下污染肆虐等现象并不鲜见，使不少地方河长制陷入"形同虚设"的尴尬局面。

二、稳健性检验

为保证上述实证结果即假设 3-2a 和假设 3-2b 检验的可靠性，进一步通过平行趋势检验、安慰剂检验、更换估计方法、更换被解释变量、更换数据样本等进行多维稳健性检验。

（一）平行趋势检验

平行趋势要求是双重差分或三重差分估计结果满足一致性的前提。借鉴金刚和沈坤荣[220]、张俊等[221] 的研究思路，根据各地河长制实施的年份，将各地是否实施河长制这一事件拆分至每一年。在式（7-1）的基础上，将变量 *Policy* 更换为河长制实施的各年虚拟变量，并以 2008 年为基准进行回归。图 7-1 为平行趋势检验结果，其中各年度回归系数所处的虚线表示 90% 的置信区间。可以发现，在考虑控制变量及年份、地区、水系固定效应之后，河长制推行前各年份的政策效应大小均在 0 上下浮动且多数未通过显著性检验。这一结果表明，本书的识别策略满足平行趋势假设。

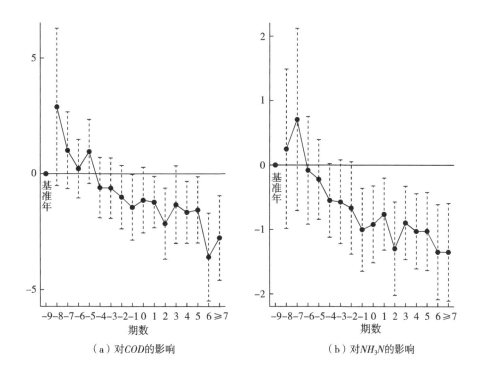

（a）对 *COD* 的影响 （b）对 *NH₃N* 的影响

图 7-1 平行趋势检验

资料来源：笔者绘制。

（二）安慰剂检验

归纳来看，现有研究中安慰剂检验可通过更换实验组或者更换政策点来实现，基本原理在于若政策效应发生于虚假的实验组或政策发生时间里，则侧面说明基准回归中的政策效应并不可靠。具体而言：

第一，为进一步排除河长制对边界污染治理效果受遗漏变量干扰的可能，通过随机设定河长制实施时间与受到河长制影响的地级市及相应的水质监测站，以此构造虚拟实验组与对照组进行安慰剂检验。基于随机选择的样本重复进行 800 次基准回归，图 7-2 报告估计系数的概率密度分布情况。可以发现，基于随机样本估计得到的系数均以 0 为中心分布，且对应 p 值多数大于 0.1，未通过显著性检验。表明河长制对河流边界污染的治理效果不太可能受到遗漏变量的干扰，基准回归所得出的结论是可信的。

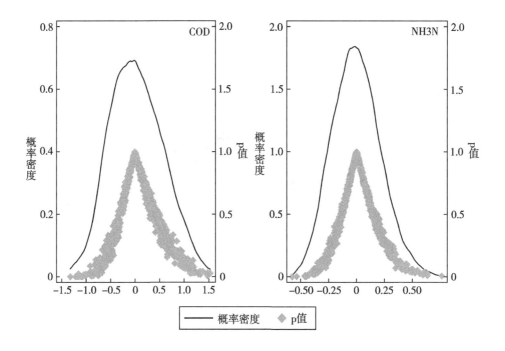

图 7-2　安慰剂检验结果

资料来源：笔者绘制。

第二，基准模型回归结果显示，河长制能够显著改善边界地区河流水质。然而，除了河长制这一政策外，其他一些政策或者一些随机性因素也有可能对提升河流水质有影响，从而影响本书对河长制净效应的估计。为了排除这样的干扰，需考察未实施河长制之时其对河流水质的影响。将各地区河长制实施时间分别提前 2 年、3 年，构造虚拟政策变量与省界变量的交互项进行回归，如果交互项的系数均不显著，则证实水污染状态的变化是由推行河长制引起的，反之，则表明河长制对边界污染治理效果的结论不稳健。回归结果显示（见表 7-4），在假定不同时点的虚拟政策下，河长制对省域边界河流中 COD_{Mn} 和 NH_3N 浓度均无显著影响，说明未实施河长制之前，虚拟政策确实未对边界地区河流水质带来任何影响，基准回归所得出的河长制对河流边界污染状况的改善作用结论是可信的。

表 7-4　安慰剂检验结果

变量	(1)	(2)	(3)	(4)
	COD_{Mn}	NH_3N	COD_{Mn}	NH_3N
	政策提前 2 年		政策提前 3 年	
$Policy \times border$	-0.009	-0.194	0.071	-0.169
	(0.287)	(0.142)	(0.291)	(0.145)
观测值	945	945	945	945
R^2	0.393	0.334	0.393	0.334

注：控制变量、时间、地区和水系固定效应皆已控制，未报告控制变量的回归结果，详见附表 2-1。

（三）更换估计方法

为解决潜在的自选择问题，采用倾向得分匹配法与差分模型估计河长制的治污效果。具体而言，利用倾向得分匹配法（PSM）为实验组匹配相应的对照组，选择经济发展水平、工业结构、自然地理等特征作为协变量，利用 Logit 模型计算倾向得分，使用最近邻匹配法从未推行地区中为实施河长制的地区选取一对一匹配样本,保留满足共同支撑的观测样本①,为接下来的差分回归筛选出较为理想的数据样本,更加有助于获得河长制的真实效果。

表7-5 倾向得分匹配平衡性检验

变量	样本	均值		标准化均值差距(%)	T检验	
		处理组	控制组		t	p>|t|
$pgdp$	匹配前	0.513	0.347	48.5	7.25	0.000
	匹配后	0.503	0.509	-1.9	-0.19	0.847
$industry$	匹配前	0.430	0.480	-49.5	-7.10	0.000
	匹配后	0.431	0.431	-0.2	-0.02	0.984
$area\_land$	匹配前	0.961	0.907	11.4	1.64	0.102
	匹配后	0.950	0.950	0.1	0.01	0.989
$precipitation$	匹配前	1.764	2.353	-16.5	-2.18	0.030
	匹配后	1.771	1.879	-3.0	-0.61	0.545

在此基础上,再次使用差分模型评估河长制对边界污染的治理效果。回归结果(见表7-6)与基准回归结论高度一致。

表7-6 倾向得分匹配后差分估计结果

变量	(1)	(2)	(3)	(4)
	COD_{Mn}		NH_3N	
$Policy \times border$	-0.589*	-0.778**	-0.379***	-0.446***
	(0.314)	(0.312)	(0.138)	(0.141)
水系固定效应	NO	YES	NO	YES
观测值	915	915	915	915
R^2	0.374	0.413	0.301	0.347

注:控制变量、时间和地区固定效应皆已控制,未报告控制变量的回归结果,详见附表2-2。

---

① 由匹配平衡性检验结果(见表7-5)可以发现,匹配后各主要变量的标准偏差值均小于5%,匹配后的两组样本的t检验亦不存在显著差异。在其他检验指标中,B值等于5.8%,小于25%;R值为3.36,落于[0.5,2],总体上说明匹配变量选取较为合理。

（四）更换被解释变量

已有河长制的政策效应结果在不同水污染物排放上存在分歧。为排除水污染指标因变量对结果的影响，进一步采用河流综合水质（Quality）作为因变量进行回归。回归结果见表7-7第（1）列和第（2）列，无论是否加入控制变量，河长制对河流综合水质（Quality）的影响系数均通过显著性水平检验，说明河长制对河流边界污染治理效果显著，这一基本结论未发生变化。

表7-7　稳健性检验

变量	（1）	（2）	（3）	（4）
	Quality		COD_{Mn}	NH_3N
	更换被解释变量		周数据样本	
$Policy \times border$	-0.194**	-0.192**	-0.686***	-0.421***
	(0.085)	(0.096)	(0.063)	(0.030)
控制变量	NO	YES	YES	YES
年份固定效应	YES	YES	YES	YES
地区固定效应	YES	YES	YES	YES
水系固定效应	YES	YES	YES	YES
观测值	944	944	38,583	38,746
R^2	0.798	0.805	0.280	0.224

注：未报告控制变量的回归结果，详见附表2-3。

（五）更换数据样本

为避免研究结论受观测样本采样间隔过长的影响，进一步采用未经处理、测量频率更高的数据样本即2008~2018年水质监测周数据样本进行回归，结果见表7-7第（3）列和第（4）列。结果显示，核心变量的符号显著为负，河长制实施显著降低了边界地区河流污染水平，进一步证实了基准回归结论的稳健性。

三、内生性处理

尽管在稳健性检验部分已采用倾向匹配得分缓解选择性偏差、通过随机生成实验组和改变政策发生时间进行安慰剂检验缓解遗漏变量干扰等，但由于可能的潜在反向因果问题，如河长制实施可能在一定程度上与样本初期地方水污染状况相关，或者遗漏变量等会引发内生性问题，导致模型估计结果有偏。本书进而为内生变量寻找合适的工具变量，识别河长制对跨域污染治理的净效应。选择地级市辖区内河流总长度作为河长制实施的工具变量。从相关性来看，河流长度越长的城市，受到上级政府和公众监督的力度越强，地方政府越有可能为了更好地获得上级认可或出于公众压力进行污染治理，越早实施河长制。从外生性来看，城市自然河流长度取决于当地自然条件，河流长度本身并不会带来额外的污染治理效益。考虑到河流长度有可能通过经济发展渠道影响水污染治理，某一河流越长，其水资源可能越丰富，越可能有利于经济发展。国际文献中解决该问题的通常做法是尽量控制工具变量影响被解释变量的其他潜在渠道，因而选取经济发展水平、工业化程度、人口密度、地方政府竞争等一系列控制变量。也就是说，河流长度通过经济发展影响水污染治理的途径已经通过多项指标被控制住，工具变量的外生性条件可以得到满足。因此，从国家基础地理信息数据库获取 1：400 万主要河流矢量分布图，在此基础上，提取样本地级市辖区内河流总长度作为河长制实施的工具变量。从表7-8 第一阶段弱工具变量检验 F 值为 13.78，大于临界值 10，说明不存在弱工具问题。表7-8 报告工具变量的估计结果，可以发现，使用工具变量后，$Policy \times border$ 的系数仍然为负，且至少在 5%的水平上显著。

表 7-8 工具变量估计结果（河长制效果评价）

变量	(1)	(2)
	COD_{Mn}	NH_3N
$Policy \times border$	-2.117^{***}	-0.837^{**}
	(0.638)	(0.345)
控制变量	YES	YES
时间固定效应	YES	YES

续表

变量	(1)	(2)
	COD_{Mn}	NH_3N
地区固定效应	YES	YES
水系固定效应	YES	YES
观测值	945	945
R^2	0.649	0.582

注：未报告控制变量的回归结果，详见附表2-4。

四、影响机制检验

基准回归分析表明，河长制的实施会显著促进跨域水污染治理。那么一个重要话题是：河长制影响边界污染治理的中间机理与传导过程是怎样的呢？对这一问题的研究有助于更清楚地识别地方政府治理行为在河长制中的作用发挥。理论上，河长制实施能够通过明确权责、多方协调等方式增强地方政府对边界地区污染治理力度，在一定程度上减轻减少地方政府的策略性减排治污行为。基于此，本节从地方政府策略性减排治污行为层面对河长制的边界污染治理机理进行检验，了解河长制是否通过改变地方政府策略性减排治污行为、提升边界地区环境规制水平改善当地环境绩效。最直接的验证即考察推行河长制的边界地区环境规制水平是否更高。为此，以地区环境规制强度作为因变量，以省界边界变量以及河长制的交互项作为核心自变量构建三重差分模型：

$$ER_{j,t} = \alpha + \beta Policy_{j,t} \times Border_{j,t} + \delta X_{j,t} + u_j + v_t + \varepsilon_{j,t} \tag{7-3}$$

模型（7-3）中，$ER_{j,t}$ 为水质监测站点所在地级市 j 的环境规制水平。采用污染物排放综合指数（选用工业废水、二氧化硫两类污染物，负向指标）衡量地级市环境规制强度，回归结果见表7-9。结果显示，在控制不同固定效应的组合下，交互项（$Policy \times border$）的系数均显著为负。这说明，在河长制实施之后，相较于省域内部地区，省域边界地区的污染物排放综合指数更低，环境规制强度更高，从而直观地验证"河长制—改变地方政府策略性减排治污行为—有效治理边界地区河流污染"这一影响机制。

表 7-9　影响机制检验

变量	(1)	(2)	(3)
	ER		
Policy×border	−0.023	−0.338***	−0.216*
	(0.046)	(0.129)	(0.119)
控制变量	YES	YES	YES
时间固定效应	NO	YES	YES
地区固定效应	NO	NO	YES
观测值	770	770	770
R^2	0.095	0.095	0.383

注：未报告控制变量的回归结果，详见附表 2-5。

河长制对省域边界地区环境规制的促进作用可以从各地探索与实践中找到现实支撑。目前，河长制在跨域水污染治理的地方实践越来越多，省级交界河道联合河长公示牌就是跨省河流污染治理的典型代表。除此之外，就工作方案或协议来看，湖南汝城与广东仁化、湖南宜章与广东乐昌均就边界区域跨界河流管护与治理签订河长制合作协议；湖南临湘与湖北咸宁、赤壁就黄盖湖水环境签订综合治理联防联动方案；江苏吴江分别与浙江秀洲、桐乡、南浔、上海青浦建立交界区域水环境联防联治联席工作机制；陕西商南、河南淅川、湖北郧阳就丹江流域签订协同治理管护方案；湖南和江西两省就16 条跨省河流管护签订区域河长制合作协议；等等。从具体措施来看，包括开展联合会议、联合执法巡查等。以上实践举措有效提升了边界地区环境规制强度，促进了河流水质焕新。

五、拓展性讨论

(一) 异质性检验

1. 省域经济发展水平的异质性

要实现河湖水生态环境质量改善，必须注重因地制宜、精准治污、"一河一策"，如果忽视省域经济发展水平间的差异则可能造成政策与当地实情南辕北辙。跨域水污染协同治理的效果或者说河长制对河流边界污染的治理效果可能会因省域经济发展水平的差异而有所不同。因此，本章将样本按照省域 GDP 增长率的中位数进行分组，若省域 GDP 增长率大于中位数，为经济发展水平领先省，则 $Le\_eco = 1$；否则为经济发展水平滞后省，$Le\_eco = 0$。首先运用分组回归考察在不同省域经济发展水平样本下，河长制对河流边界污染治理的影响；其次将省域经济发展水平虚拟变量 Le_eco 与 $Policy \times border$ 建立三维交互项纳入模型，考察河长制对不同经济发展水平河流边界污染治理的影响，回归结果如表 7-10 所示。

表 7-10　省域经济发展水平异质性

变量	(1)	(2)	(3)	(4)	(5)	(6)
	COD_{Mn}	NH_3N	COD_{Mn}	NH_3N	COD_{Mn}	NH_3N
	经济发展水平滞后省		经济发展水平领先省		三维交互项	
$Policy \times border$	0.127	0.090	-1.870^{**}	-1.166^{***}	-0.034	-0.018
	(0.373)	(0.157)	(0.782)	(0.383)	(0.296)	(0.119)
$Policy \times border \times Le\_eco$					-0.998^{**}	-0.450^{***}
					(0.444)	(0.161)
观测值	501	501	435	435	945	945
R^2	0.634	0.617	0.726	0.666	0.654	0.586

注：控制变量、时间、地区和水系固定效应皆已控制，未报告控制变量的回归结果，详见附表 2-6。

结果显示，在经济发展水平滞后的省域（表 7-10 中第（1）列和第（2）列），河长制对边界地区河流中 COD_{Mn} 和 NH_3N 浓度没有显著影响；在经济发展水平领先的省域（表 7-10 中第（3）列和第（4）列），河长制对边界地区河流中 COD_{Mn} 和 NH_3N 浓度产生显著的负向作用；三维交互项（$Policy×border×Le\_eco$）的系数显著为负，同样证明，与经济发展水平滞后的省域相比，河长制对经济发展水平领先的省域边界河流中 COD_{Mn} 和 NH_3N 具有更大的负向作用，能够实现河流治理"守望相助"，改善边界地区河流污染现象。上述结果表明，河长制在经济发展滞后地区并未取得显著的污染治理效果。产生这一现象的原因可能在于，经济发展水平滞后省域对河长制的财政投入以及技术支持相对薄弱。一方面受限于经济发展水平，是地方客观因素所致。另一方面则可能来源于地方政府较弱的污染治理动机，是地方政府的主观选择所致。异质性效应反映出不同经济发展水平省级政府追求的首要目标以及对经济增长和污染治理的权衡策略。对于经济发展水平领先的省域而言，相对经济绩效的增加为其带来更大概率的晋升预期，其官员更有动力加强并完成污染治理的约束力目标[222]。相对而言，经济发展水平滞后的省域仍然面临经济增长与环境治理的取舍，相较于污染治理，其对经济的渴望可能更大，以牺牲经济增长换取治污绩效的动机较弱。

2. 河长制推行类型的异质性

实践中，地方政府推行河长制的类型可以分为两类：城市先于所属省份在市政策文件中明确提出推行河长制为"市先省后"，城市所在省份先在省政策文件中提出全省推行河长制并要求所属各地市相继推行即"省先市后"。两者在调动地方官员的主观能动性和跨域水污染协同治理能力方面存在差别。前者是地方政府主动实施，在河长制推行过程中有更强烈的治理跨域水污染内在动力，后者是为响应上级领导号召；前者是单市独进，后者则是在省域统筹协调下，在跨域水污染治理过程有更一致的行动方案。跨域水污染协同治理的效果可能会因河长制推行类型的差异而有所不同。因此，本章首先运用分组回归考察在不同河长制推行类型下，河长制对河流边界污染治理的影响；其次将河长制推行类型虚拟变量 *First*（省先市后，则 *First* = 1；市先省后，则 *First* = 0）与 *Policy×border* 建立三维交互项纳入模型，考察河长制对河长制推行类型河流边界污染治理的影响，回归结果如表 7-11 所示。

表 7-11　河长制推行类型异质性

变量	(1)	(2)	(3)	(4)	(5)	(6)
	COD_{Mn}	NH_3N	COD_{Mn}	NH_3N	COD_{Mn}	NH_3N
	市先省后		省先市后		三维交互项	
Policy×border	0.303	0.212	−0.794*	−0.387**	0.416	0.450***
	(0.590)	(0.141)	(0.410)	(0.179)	(0.447)	(0.142)
Policy×border× First					−1.277**	−0.860***
					(0.587)	(0.208)
观测值	223	223	722	722	945	945
R^2	0.742	0.595	0.648	0.582	0.654	0.586

注：控制变量、时间、地区和水系固定效应皆已控制，未报告控制变量的回归结果，详见附表 2-7。

表 7-11 中第（1）~第（4）列的估计结果表明，"省先市后"型显著推动当地的跨域水污染治理，而"市先省后"型则未产生预期治理效果。表 7-11 的第（5）列和第（6）列中三维交互项（*Policy×border×First*）的系数显著为负，同样证明，与"市先省后"型相比，河长制对"省先市后"型的边界河流中 COD_{Mn} 和 NH_3N 具有更大的负向作用，有效改善边界地区河流污染现象。进一步对这种差异化影响进行解释：跨域水污染协同治理需要各地的协调配合。因此，"省先市后"型河长制实施后，跨域水资源边界污染现象会发生明显改善。这一改善一方面源自涉水各地级市对水污染治理的努力；另一方面在于省级政府对各地级市水污染治理的统筹协调。这意味着，我国的跨域水污染协同治理需要考虑纵向府际关系，需要协调的设计，需要上级

政府在协同治理过程中发挥战略性、指导性和统筹性作用，以此促使有序合作。

(二) 经济效应分析

生态环境和经济发展两者是辩证统一并非舍弃关系[223]。那么，政府协同治理跨域水污染这一行为是否存在经济溢出? 换言之，河长制实施在实现水资源边界污染治理效应的同时，其经济效应如何? 为检验河长制对地区经济发展的影响，将河长制实施变量对地区人均 GDP 增长率进行回归，回归结果如表 7-12 所示。其中，表 7-12 中第 (1) 列和第 (2) 列均是以全部地级市观测样本进行回归，前者未加入控制变量，后者添加控制变量。

表 7-12 河长制对经济发展的影响

变量	(1)	(2)	(3)	(4)
	人均 GDP 增长率			
Policy	0.016**	0.017**	0.016**	0.008
	(0.007)	(0.007)	(0.008)	(0.009)
Policy×border				0.025**
				(0.013)
控制变量	NO	YES	YES	YES
观测值	770	770	266	770
R^2	0.665	0.692	0.734	0.695

注: 时间和地区固定效应皆已控制，未报告控制变量的回归结果，详见附表 2-8。

估计结果表明，无论是否加入控制变量，河长制对地区人均 GDP 增长率的影响系数均为正，且在 5% 统计水平上显著，表明实施河长制能够显著促进地区经济发展。表 7-12 中第 (3) 列则以省域边界地级市观测样本进行回归，发现河长制对地区人均 GDP 增长率的影响系数均显著为正，表明河长制对边界地区经济发展存在促进作用。考虑到这一促进作用可能部分源于区域经济发展水平整体提升，因此将河长制实施变量和省域边界变量的交互项引入模型中，以全部观测样本进行回归，估计结果见表7-12中第（4）列。结果显示交互项的系数仍显著为正，说明相较于省域内部地区，河长制能够有效促进省域边界地区经济发展。河长制对经济发展的促进作用亦可以从各地探索与实践中找到现实证据。目前，在水污染治理领域实践"两山"理论的地方成功范例越来越多，如四川渠县的河长制、广东深圳的碧道沿线正成为当地产业转型发展的"新引擎"等。河长制的经济效应可以从河长制实践措施进行解释：以党政领导作为河长的河长制通过生态建设和环境保护倒逼经济结构调整和发展方式转型，进而促进经济发展和生态保护的协调发展。部分文献研究也证实河长制对辖区污染产业的转移、关停和结构升级有影响[133]、河长制对区域创新的促进作用[134]。在强调生态本身就是经济的理念背景下，河长制经济效应这一结论充分说明跨域水污染协同治理兼具生态经济双重影响，能够有效实现水资源生态、经济效益同步提升。

既然河长制在经济上对地方政府有促进作用，在环境上有利于污染治理，属实为双赢的制度设计，为什么还会出现地方政府对于河长制相关措施执行动机和执行力度相对较弱的现状？对此的解释是：河长制对经济的影响可能会因推行时间而有所不同，存在时滞性。面对推行河长制这项长期性、系统性工程，当河长制监督和考核不足时，在经济促进效应尚未显现的时期，地方政府执行河长制相关措施的动机及力度相对不足。为验证此类推测，分别以全部地区和边界地区为研究对象，检验河长制经济影响的动态效应，回归结果如表7-13所示。动态效应显示，无论是在全部地区还是边界地区，河长制对经济的影响具有明显的时滞性。在河长制推行初期即实施当年以及实施后第1年，其对经济的影响作用并不显著，在实施后第2年起，河长制的经济效应不断显现。这一结果也侧面反映出全面推进、持续深化河长制对于实现长期环境经济双重效益的重要性。

表7-13 河长制经济影响的动态效应

变量	$Policy^{当年}$	$Policy^{第1年}$	$Policy^{第2年}$	$Policy^{第3年}$	$Policy^{第4年}$	$Policy^{第5年及以上}$
全部地区	0.011	0.001	0.043 ***	0.055 ***	0.037 ***	0.015
	(0.008)	(0.012)	(0.014)	(0.015)	(0.012)	(0.022)
边界地区	0.014	-0.005	0.071 ***	0.061 **	0.038 ***	0.049 ***
	(0.009)	(0.014)	(0.017)	(0.025)	(0.014)	(0.016)

注：控制变量、时间和地区固定效应皆已控制，未报告控制变量的回归结果，详见附表2-9。

第八章　研究结论、政策建议与研究展望

协同治污，何以可能？如何可行？这是当前跨域水污染治理方面亟待解决的现实问题。本书分析政府参与跨域水污染协同治理的行为逻辑，评价跨域水污染协同治理的效果，探讨跨域水污染协同治理的政策优化和制度创新保障等相关问题，对提升政府治理能力、推进政府协同治污行动、缓解跨域污染难题等具有重要的现实意义，对丰富跨域污染治理、协同治理等内容具有重要意义。作为全篇的总结，本章主要是在概述研究主要结论的基础上，探寻跨域水污染协同治理的政策优化与制度保障，并探讨未来研究空间。

第一节　研究结论

本书得到以下主要结论：

（1）准公共物品属性—政策实施—效果评价是跨域水污染协同治理理论的主要内容，揭示协同治理的基本动因、治理主体及治理依据、治理效果，描述我国跨域水污染协同治理的一般化运作模式，刻画协同治理在我国跨域

水污染治理实践运行过程中的现实印象。准公共物品属性部分阐明的是跨域水污染协同治理的动因，即为何要协同治理问题，强调跨域水资源及污染治理公共物品属性，以及公共物品属性衍生问题与现行污染治理制度环境的契合程度或不相容程度层面触发协同治理的驱动力量。政策实施即由谁协同治理、如何协同治理问题，包括多维主体和治理依据两方面。多维主体阐明的是跨域水污染协同治理的多维主体，以政府协同治理作为跨域水污染协同治理的实践路径更加符合中国环境治理的实际。治理依据阐明的是跨域水污染协同治理的具体实现过程，涵盖组织架构和治理过程两方面，前者是治理过程的载体，即为实现多主体协同行动而设计的结构性安排，主要探讨多维治理主体之间结成的权力关系；后者围绕协同治理的具体运行过程展开，是治理主体为区域利益进行的分工行动，侧重于实现协同的程序性安排。效果评价部分阐明的是跨域水污染协同治理的最终产出，即协同治理效果如何问题。通过政府协同治理调节不同环境利益的冲突与矛盾，实现水环境质量的实际改善程度是跨域水污染协同治理环境治理效果的主要表现。

（2）协同治理动因是理解跨域水污染协同治理行为逻辑的重要内容之一，可从现实边界污染和实践治理模式两维度阐释。其一，从边界污染存在性方面理解跨域水污染协同治理的现实逻辑。我国七大流域中存在显著的省域边界污染现象，即河流水质省界监测的污染水平明显高于非边界监测。作用路径显示，省级政府存在策略性减排行为，差别化省域边界城市与省域内部的环境规制强度；当城市越靠近省域边界时，其环境规制强度相应越低，吸引更多数量的工业企业嵌入，进而加剧流域边界污染现象。随着地方政府环境考核压力的增强，地方官员具有更强的策略性减排动机，因此边界污染效应更为显著。即使考虑省级经济发展水平因素，边界污染效应结论依然得到支持。其二，从属地治理模式客观局限方面理解跨域水污染协同治理的历史逻辑。演化博弈模型下跨域水污染政府属地治理行为分析发现，地方政府治理跨域水污染与否与水污染治理政策的净收益密切相关。虽然上级政府约束条件的介入会提升地方政府由不治理转向治理的空间，然而从当前跨域水污染治理实际情况看，一方治理而另一方不治理是地方政府的最优选择。微分博弈模型下将跨域水污染政府属地治理与协同治理的效益进行比较发现，相较于属地独立治污情形，协同治污情形下两个地区的污染排放更低、治污投入更高、河流污染容量更低、总体福利水平更高。从行动者参与协同治理的直接动机视角来看，无论是从环境效益还是经济利益，相对于非协同治理，行动者对区域协同治理水污染的结果激励预期更高，这意味着其参加协同治理的可能性更大。

（3）政策实施涵盖协同治理的主体和过程在实践中的组合，构成理解跨域水污染协同治理行为逻辑的又一重要内容。我国跨域水污染协同治理的政策演进可分为应急治污下的早期萌芽、地方实践的积极探索、法治建设下的快速发展三个阶段。作为跨域水污染协同治理的典型代表，河长制运行主要依托河长权责的制度化配置、河长制办公室及河长制工作领导小组的组织化设计，以及河长会议制度等一系列配套制度的系统性支撑。河长制的治理过程可概括为"目标—任务—行动"，即通过自上而下科层制推进确定协同治理目标，进而经过纵横交错会议制细化分解协同治理任务，并由河长办进行综合性协调协同治理行动。个案剖析表明，四川省沱江流域河长制的实践与"权责—机构—制度""目标—任务—行动"的基本逻辑相符，但在水污染协同治理的协调机制以及资源保障机制如信息资源、资金供给、技术创新等方面有待进一步优化。

（4）作为跨域水污染协同治理的典型，河长制对边界污染治理的影响效应包括：总体治理效果显示，相较于非边界地区，边界地区在河长制实施之后的减排效果更显著，边界地区河流中 COD_{Mn}、NH_3N 浓度显著降低，说明政府协同治理效果能够实现跨域水污染治理从"以邻为壑"到"守望相助"转变。在平行趋势检验等一系列稳健性检验后，该结论依然成立。动态效应表明，河长制对跨域水污染的治理效果没有表现出较好的可持续性，表明地方政府在治污压力或绩效达标压力下存在短期治理行为。这种非线性的动态变化可能与河长制相关制度不健全、河长行为特征及其面临政治压力的不确定性密切相关。影响机制显示，河长制实施能够有效改变地方政府的策略性减排行为，提升边界地区环境规制强度，进而缩小其与内部地区的环境规制强度差距，矫正地方政府有意识地差别化省域边界地区与省域内部的环境规制强度行为。异质性分析发现，河长制对边界污染的改善效果存在区域差异：在经济发展水平领先地区治理效果显著，在经济发展水平滞后省域并未达到预期治理效果；在"省先市后"型地区治理效果显著，在"市先省后"型则未产生预期治理效果。经济效应分析表明，实施河长制能够显著促进地区整体包括边界地区的经济发展。

第二节　政策建议

当前，环境区域协同治理已经成为《环境保护法》中一项新制度，然而，制度功效的实践发挥无法仅依靠环境法规中的精短数句[224]。要将纸面上的法律规定转变为实践上的行动并取得良好治理效果，需要"正其制度"。正所谓，知之深则行愈达。本书对河长制视角下跨域水污染协同治理的行动逻辑和效果评价研究表明，政府跨域水污染协同治理意图取得良好的治理效果，并确保各方合作长效化，协同治理动机、协同治理主体、协同治理过程以及效果评价等是关键因素。基于此，以河长制为研究点并向跨域水污染协同治理展开，针对跨域水污染协同治理的政策优化与制度保障问题，从强化协同治理动因和过程、提升协同治理效果、完善协同治理制度保障等方面提出如下政策建议：

一、强化跨域水污染协同治理过程

要实现跨域水污染有效治理，需要对地方政府"以邻为壑"的利己主义做法进行纠正，加强地方政府与涉水相邻地区的协同合作。本书第四章至第六章通过对跨域水污染动因和依据的研究发现，行动者对参与跨域水污染协同治理所带来结果激励和环境效益的认同，是有效开展跨域水污染协同治理的前提；有效的协同治理组织架构和治理过程能够为实现预期协同治理效果提供必要的保障与支持。因此，强化跨域水污染协同治理、完善跨域水污染协同治理的过程管理重点在于：

（一）构建跨域水污染协同治理利益均衡机制

对于跨域水污染协同治理区域内的各地方主体而言，协同治理的效果与彼此之间治污动机的一致性密切相关。而地方政府参与跨域水污染协同治理的部分内在动力在于特定的利益诉求或者具有利益共识的基础，因此，应构建合理的利益均衡机制，通过平衡与整合跨域水污染涉及地方主体间的利益，强化政府协同动因并为协同治理过程的有效运转提供保障。利益均衡机制的重点包括：在利益表达与反馈方面，坚持便捷、畅通、高效原则，建立利益表达机制和反馈回应机制，在彰显涉水各利益相关者的利益诉求的同时及时回应其利益表达。在利益分享与补偿方面，如跨域水资源利益补偿机制需要考虑：以水质改善为核心，统筹跨域水生态环境特征以及涉及地区的经济生态等差异性需求；考虑建立基础补偿标准基础上的差别化跨域水生态补偿标准体系；坚持政府主导下财政转移支付，综合运用水权交易、排污权交易等市场化多样化补偿方式。

（二）完善跨域水污染协同治理职能体系

治理主体间权责结构、主体间治污责任目标的确定和分解是跨域水污染协同治理组织架构和治理过程的关键因素和环节。因此，需要进一步完善跨域水污染协同治理职能体系，根据所需解决水污染问题的实际范围，明确涉水治污管理机构和执行机构权责内容，通过重组各环境治理管理部门的结构与功能，实现制度与组织等方面的有效衔接。在确定并分解责任目标方面，鼓励区域内各行政区政府将治污责任目标制定过程对外公开。同时，辅助建立以维护协同治理为目的的责任追究制度。

（三）组建统一的跨域水污染协同治理协调机构

对于跨域水污染协同治理而言，协调机构肩负聚焦水环境整体利益、推动跨域政府协同的使命，既是协同治理组织架构的重要内容，又需要在协同治理过程中有效回应政府治污权责分割等问题。目前河长制主要在省域范围内实施，较好推动省域内部跨行政区域水污染治理，但在跨省域水污染协同治理上仍有待完善。因此，需要以循序渐进方式建立并完善跨省域水污染协同治理协调机构，可考虑在中央政府层面组建负责全国总协调的跨域水污染协同治理机构，在此基础上，针对重点区域建立负责各区域内部协调的跨行政区协同治理机构。以河长制为例，省级河长是最高级别的河长。当跨域水污染涉及不同省份时，跨省河流污染治理要充分发挥省级河长的作用，应建立省级河长协作管理机构，统筹沿河各省河流治理的目标任务，强化跨省河流污染治理信息互通、资源共享，并协商解决跨省河流断面水质联合监测、生态补偿、联合执法、水污染事故处置等难点问题，助推河长制从省域范围到跨省域统筹协调，进一步提升跨省域河流整体治理效果。同时，还应加强省级河长与水利部、生态环境部等相关流域管理机构或组织等之间的协调合作。

二、提升跨域水污染协同治理效果

跨域水污染协同治理是一项长期且复杂的系统工程，地方实践过程中易出现治污压力或绩效达标压力下的短期治理行为，或产生污染治理的地区差异，导致治水成效不稳定、不协调。正如本书第七章对跨域水污染协同治理效果评价发现，河长制对跨域水污染的治理效果没有表现出较好的可持续性；

且在经济发展水平滞后省域以及"市先省后"型地区未产生预期治理效果。因此，从根本上改变治理效果不确定性问题，需要健全考核评价机制与监督问责机制、建立协同治污精准帮扶机制，完善协同治理协调机制，为跨域水污染协同治理提供长期支撑，实现协同治理效果长效可持续。

（一）健全跨域水污染协同治理考核评价与监督问责机制

在跨域水污染协同治理过程中，落实地方主体治理责任、实现跨域水资源长治，完善相应的考核评价及监督问责机制是关键。以本书研究的河长制为例，现阶段我国河长制的推进仍然缺乏具体的考核评估机制，配套监督问责机制尚不完善，在一定程度上影响水污染治理成效的长效性、持续性。因此，需要健全跨域水污染协同治理考核评价与监督问责机制。机制设计内容重点包括：建立科学的综合考核评价指标，涵盖区域地方政府治污统筹协调水平、防污治污能力，以及水污染物含量、水质改变情况和区域社会公众满意度等；建立具有强制力治污监督问责细则，将敷衍、逃避、拒绝履行水污染治理职责等行为列进问责领域；制定标准化的公众参与评价及公众监督程序，及时公开参与过程和结果。此外，还应加强考核评价及监督问责机制与基层政府治污、官员任期的关联性：在基层政府治污考核方面，以考核的正向激励提升基层政府治污积极性，为基层政府预留因地制宜的权限空间，同时进行基层治污考核与经济等考核有效衔接的制度设计，避免造成基层负重问题。强化官员任期重要节点水环境考核，着力提高官员任期内水污染治理的积极性，以保证跨域水污染协同治理的相对稳定性和连续性。

在地方实践中，可根据跨域水污染协同治理不同实施形式对其考核评价与监督问责机制进行适宜设计，如对于河长制而言：①在考核评价方面，根据跨域水资源不同区段的水质状况、水污染治理计划等合理设定短期和长期考核指标，避免地方政府为追求短期达标的运动式治理行为；考核指标设置上以水质真正改善为目的，除水污染物排放外，可考虑将清洁技术利用、绿色生产效率、公众满意度等纳入评价体系。②在监督问责方面，有赖于精准问责、执行有力、公众参与、信息公开等关键要素：其一，按精准监督问责的路径，遵循权责一致原则，分类制定各级河长及相关执行部门主体责任清单，明晰和细化各责任主体、追责主体及问责事项，夯实河长制监督问责法治基础。其二，强化河长制监督问责能力建设，提升河长制监督问责的执行力度和约束强度，压缩自由裁量空间。其三，加强河长制工作监督问责与社会公众参与、政府信息公开之间的协同，通过畅通公众参与监督问责渠道、推进监督问责工作全环节可视化等，创建良性契合的河长制监督问责运行生态。

（二）建立跨域水污染协同治理精准帮扶机制

精准治污既是提升水生态环境治理现代化水平、打赢污染防治攻坚战的内在要求，也为跨域水污染协同治理提供有效的方法和路径。实证检验和现实实践证明，河长制是治理跨域水污染行之有效的制度安排，"一河一策"以及"精准治污"是其重要经验之一。面对跨域水污染政府协同治理的过程中可能出现的部分区域水污染突出、治污硬件基础设施滞后、治污能力和水平有待提升、治污资金支持不足等问题，需进行精准帮扶以弥补水污染治理短板，实现水污染治理成效的整体提升。建立跨域水污染协同治理精准帮扶机制，需要在识别治污成效未达预期区域的基础上，明确影响治污成效的重要因素，针对不同问题、不同对象，采取精准帮扶治污措施，切实提高治污成效。

在具体实践帮扶中，结合跨域水污染协同治理的不同案例选择有效的帮扶方式。例如，对于河长制而言，在全面推行河长制向"有实"转变的新阶段，应充分考虑地区经济发展水平的异质性及由此带来的影响，有必要对河长制成效微弱地区，尤其是经济发展水平滞后地区提供因地制宜的帮扶，助力破解水污染治理资金不足、技术薄弱难题，达到统筹协调经济发展和河流治理、推动绿色发展的目的。在财政支持帮扶方面，建议中央配套部分财政资金，为经济发展水平滞后地区提供河长制专项财政支持，加强地方河流治污配套基础设施建设。在技术支援帮扶方面，引导河长制成效显著地区对经济发展水平滞后地区进行河长制技术帮扶，在河流污染监测、河流污染治理、信息化管理等方面建立发展合作机制，提升经济发展水平滞后地区的河长制治理能力。此外，还应构建流域水污染源头精准治理的差异化制度：完善生活、农业等面源污染治理监管机制，并结合加强信息公开、强化公众参与、健全监测评估等措施，以减少地方政府在治污中的选择性治理行为。同时，在污染监测评估等过程中充分应用大数据、人工智能技术，实时监测并上传污染现状及治理数据，确保监测的真实、可靠。

（三）完善跨域水污染协同治理协调机制

面对跨域水污染治理问题，单一涉水地区无法实现独木成林，只有通过协调统筹和措施引领，保障涉水区域行动方案一致，方能产生协同治理的合力效应。本书实证检验发现，在省域统筹协调地区河长制治理效果显著；地方实践亦证明，探索建立跨地域水污染治理联动机制是河长制治污成功的经验之一。因此，为防范和避免各地各自为战，需要完善跨域水污染协同治理协调机制。在跨域水污染协同治理规划研究中，在识别水污染重要影响因素的基础上，明确细化区域内的各地区各部门的治污目标、治污任务、完成时限等。在协同治理过程中构建开放、透明、有序的沟通协调机制，强化区域内各级治理主体间的协调沟通，培育协同治污互动意识。同时加强水污染管理主体统筹协调能力培训，如针对县级以上河长开展系统性专业培训，强化其对水环境生态系统协同治理等的知识更新和统筹协调能力建设。

三、完善水污染协同治理制度保障

要实现跨域水污染协同治理长效运行，不仅需要从协同动因、主体、过程、效果等方面进行设计规划，还需要完善相应的制度保障。作为制度化的约束结构，制度保障旨在通过设定各种规则、标准及规范等，有效控制各级政府跨域水污染协同治理行为。可从信息化管理系统、信息公开制度等方面进行水污染协同治理的制度保障建设。

（一）构建跨域水污染协同治理信息化管理系统

强化跨域协同，矫正策略性减排治污行为是实现跨域水污染有效治理的关键路径。而水质监测站的数量限制、水质监测难易程度、监测数据造假等可能为地方政府提供战略性减排空间。因此，在跨域水污染协同治理实践中，需要积极运用云计算、人工智能等先进技术，建设全面、精细、智能的生态环境信息化管理体系，构建水质监测、科学预警、监督评价一体化运行机制。在水质监测方面，可考虑在国家地表水环境监测网络的基础上，在相关排污口等建设污染源在线监测系统，继续完善水污染高密度监测网，在水质监测的同时解析污染源，分析不同断面水质的主要污染源及贡献，判断污染治理的最佳目标及位置，实现精准溯源治污。考虑到水质监测数据的来源和质量直接影响到环境考核、利益补偿、环境执法、环境问责等内容，可通过建立水质监测数据的审核规范和反馈校验机制来确保数据的真实性。在科学预警方面，可结合水污染物排放标准，将不同类型的水质监测内容设置不同等级预警阈值，设置链接相应的预警预案，及时连接水质监测超预警阈值的地区及相应地方管理人员。在监督评价方面，将信息化系统与水污染防治攻坚战目标相结合，利用信息技术将工作计划和方案数字化，以水域为基础分解各区域目标任务、重点举措和保障条件，建立从水质考核到责任地区及相关人员的监督评价溯源链条，有助于实现监督的实时化、精准化。

（二）完善跨域水污染协同治理信息公开制度

水环境信息公开是跨域水污染协同治理运行的关键性元素和基础性制度，能够保障公众参与及监督，倒逼排污企业履职，辅助政府治污决策。当前，我国水环境信息公开制度体系初步建立，但尚存在信息公开规范性不足、连贯性不强等普遍性问题，如各地区水质监测公开内容、格式、频次各不相同。在跨域水污染协同治理方面，则较少涉及治理过程和效果评价信息，如河长制中信息公开制度所涉及内容多是河长名单及职责、河湖管理保护情况等基础信息。因此需要进一步完善跨域水污染协同治理信息公开制度，重点在于：

一是进一步规范细化水环境信息公开的标准。在充分衔接《水污染防治法》等上位法的基础上，细化水环境信息公开制度，推动地方水环境信息公开规范完整。二是清晰规范水环境信息公开内容。依托信息化管理系统建设，在跨域水污染协同治理信息共享的基础上，明确水环境信息对外公开范畴列式具体内容，增强水环境数据开放性。不仅要涵盖水质监测及污染源基础信息，如严重污染水环境企业名单及污染物排放等，而且要涵盖过程性污染协同治理信息，如跨域水污染协同治理的实施方案等，此外还应涵盖污染协同治理效果评估类信息。三是增强水环境信息公开的制度约束。通过公开地区水质排名，按期公布水质、改善幅度最差和最好地区名单，以排名传导治污压力，与问责机制、奖惩机制相联系，促进跨域水污染地方协同治理。

第三节　未来研究展望

本书剖析跨域水污染协同治理的行动逻辑和效果评价，契合当下强化生态环境区域协同治理的实践背景，同时也有利于丰富关于跨域污染治理、河长制效果评价的相关研究。但囿于资料获取、研究能力等有限，本书仍存在一定的局限性，未来需要进一步丰富和充实。主要体现在以下几个方面：

首先，进一步细化跨域水污染地方协同治理动机，拓展研究内容。本书以河长制实施作为跨域水污染协同治理的典型代表，分析政府协同治污的行动逻辑和治污效果。但实践中，推行河长制的地区按其治污动机可分为主动推行和受上级政府行政指令推行两大类。在未来研究中，可以进一步对地方政府不同的跨域水污染协同治理环境动机进行定量分析，研究不同治理动机下地方政府协同治理的行动逻辑，同时关注河长制在不同污染治理动机下的差异化效果。

其次，进一步完善核心解释变量指标选取。在河长制实施变量衡量方面。下一步可考虑河长制执行力度变量，如通过实地调研方式获得第一手政策文件资料，通过构建政策文本协同性等，力求清晰反映河长制实施中各地区水污染协同治理水平。

最后，进一步扩充研究样本，丰富治污效果在"水污染源—水质结果"整个链条的评价研究。一是扩增宏观监测站点水质样本。在未来研究中，可进一步借助网络爬取等方法扩增监测站点水质样本或补充最新样本数据。二是补充微观企业样本。待企业环境数据更新完善，本书需进一步扩充微观企业层面数据，加强河长制对水污染源治理即企业重点水污染物排污影响等问题的探讨，在污染源头与污染结果不同数据层面进行治污效果相互印证，以期丰富效果评价研究结论。

附　录

一、"第四章跨域水污染协同治理的现实动因：基于边界污染的存在性"中涉及未报告控制变量回归结果的部分内容，完整回归结果如下：

（一）第四章第三节"二、稳健性检验""表4-3边界污染效应稳健性检验（更换被解释变量）"未报告控制变量回归结果。完整回归结果如附表1-1所示。

附表1-1　边界污染效应稳健性检验（更换被解释变量）

变量	（1）	（2）
	NPH	DO
L. NPH	0. 194 ***	
	(0. 024)	
L. DO		0. 180 ***
		(0. 024)
Border	0. 359 ***	−0. 656 *
	(0. 062)	(0. 388)
pgdp	0. 534 ***	−0. 629 ***
	(0. 079)	(0. 213)
industry	−0. 690 ***	−5. 911 ***
	(0. 124)	(0. 493)

续表

变量	(1)	(2)
	NPH	DO
population	-0.001	0.040
	(0.009)	(0.043)
competition	0.017 ***	-0.118 ***
	(0.005)	(0.014)
area_land	0.004	-0.069 ***
	(0.006)	(0.025)
temperature	-0.001	-0.050 ***
	(0.004)	(0.018)
precipitation	-0.060 ***	-0.121 **
	(0.018)	(0.058)
常数项	0.692 ***	10.92 ***
	(0.075)	(0.427)
AR (1)	0.0000	0.0000
AR (2)	0.0542	0.1203
Sargan 检验	0.3468	0.2085
观测值	849	849

注：括号内是稳健标准误。***、**和*分别表示在1%、5%和10%的统计水平上显著。以下各表同。

（二）第四章第三节"三、内生性处理""表4-5河流污染水平与省界监测站"和"表4-6工具变量估计结果"未报告控制变量回归结果。完整回归结果如附表1-2和附表1-3所示。

附表1-2　河流污染水平与省界监测站

变量	(1)	(2)
	Border	
$COD_{Mn}^{2008年}$	0.002	
	(0.005)	

变量	（1）	（2）
	Border	
$NH_3N^{2008年}$		0.017
		(0.042)
pgdp	−7.347***	−7.515***
	(1.715)	(1.673)
industry	39.92***	40.14***
	(6.554)	(6.243)
population	−0.229	−0.244
	(0.182)	(0.178)
competition	1.131***	1.143***
	(0.237)	(0.226)
area_land	0.541***	0.500***
	(0.082)	(0.139)
temperature	0.025	0.015
	(0.054)	(0.057)
precipitation	2.693	2.869
	(1.807)	(1.766)
常数项	−22.60***	−22.59***
	(3.657)	(3.481)
地区固定效应	YES	YES
观测值	73	73
R^2	0.972	0.973

附表 1-3 工具变量估计结果

变量	（1）	（2）
	COD_{Mn}	NH_3N
border	3.359***	0.909**
	(1.022)	(0.434)
pgdp	0.290	0.512**
	(0.456)	(0.227)

续表

变量	(1)	(2)
	COD_{Mn}	NH_3N
industry	0.010	-1.399**
	(1.302)	(0.551)
population	0.266***	0.088***
	(0.052)	(0.030)
competition	0.159	0.066
	(0.104)	(0.042)
area_land	0.361***	0.112***
	(0.115)	(0.039)
temperature	0.405*	0.221***
	(0.235)	(0.084)
precipitation	-0.663*	-0.334*
	(0.389)	(0.171)
常数项	-2.779	-1.476
	(3.199)	(1.200)
时间固定效应	YES	YES
地区固定效应	YES	YES
观测值	945	945
R^2	0.361	0.292

（三）第四章第三节"四、影响机制检验""表4-7策略性减排引发边界污染传导机制检验"未报告控制变量回归结果。完整回归结果如附表1-4所示。

附表1-4　策略性减排引发边界污染传导机制检验

变量	(1)	(2)
	ER	Firm
L. ER	0.601***	
	(0.001)	

续表

变量	（1） ER	（2） Firm
ER		0.032＊＊＊
		（0.007）
Border	0.343＊＊＊	
	（0.003）	
pgdp	0.436＊＊＊	−0.364
	（0.006）	（0.427）
industry	0.076＊＊＊	2.576＊＊＊
	（0.006）	（0.515）
population	−0.054＊＊＊	0.201＊＊
	（0.001）	（0.083）
competition	0.013＊＊＊	0.001
	（0.001）	（0.011）
常数项	0.072＊＊＊	−1.063＊
	（0.005）	（0.604）
AR（1）	0.0729	
AR（2）	0.7537	
Sargan 检验	0.0421	
Within R^2		0.957
观测值	868	374

（四）第四章第三节"五、拓展性讨论""表4-8 环境考核压力与边界污染"未报告控制变量回归结果。完整回归结果如附表1-5所示。

附表1-5　环境考核压力与边界污染

变量	（1） COD_{Mn}	（2） NH_3N	（3）COD_{Mn} 人均 GDP 增长率高于全国	（4）COD_{Mn} 人均 GDP 增长率低于全国
L. COD_{Mn}	0.571＊＊＊		0.659＊＊＊	0.626＊＊＊
	（0.004）		（0.004）	（0.006）

续表

变量	（1） COD_{Mn}	（2） NH_3N	COD_{Mn}	
			（3） 人均 GDP 增长率 高于全国	（4） 人均 GDP 增长率 低于全国
$L.NH_3N$		0.657***		
		(0.002)		
Border	5.826***	0.501***	1.804***	3.133***
	(0.507)	(0.098)	(0.298)	(0.442)
Border×Rank_env	0.027***	0.017***	0.057***	0.016**
	(0.007)	(0.002)	(0.008)	(0.007)
Rank_env	-0.001	0.007***	-0.034***	0.014**
	(0.005)	(0.001)	(0.006)	(0.007)
pgdp	-2.107***	1.441***	-1.666***	0.605
	(0.402)	(0.070)	(0.541)	(0.446)
industry	2.415***	-1.736***	4.645***	3.766***
	(0.680)	(0.141)	(0.780)	(1.278)
population	-0.787***	0.141***	-0.216***	-0.011
	(0.079)	(0.011)	(0.064)	(0.056)
competition	0.006	0.036***	-0.114***	0.165***
	(0.030)	(0.012)	(0.023)	(0.020)
area_land	-0.039	0.005	-0.041	0.771***
	(0.038)	(0.004)	(0.027)	(0.251)
temperature	0.048	-0.070***	-0.032	0.084*
	(0.038)	(0.010)	(0.033)	(0.049)
precipitation	0.255*	-0.497***	-0.017	0.810***
	(0.132)	(0.029)	(0.142)	(0.108)
常数项	1.669***	1.138***	0.799	-6.099***
	(0.580)	(0.145)	(0.528)	(1.271)
AR（1）	0.1210	0.0709	0.1972	0.1634
AR（2）	0.1416	0.2978	0.3594	0.7083
Sargan 检验	0.1149	0.0573	0.1221	0.4864
观测值	694	694	367	327

二、"第七章　跨域水污染协同治理的效果评价：以河长制为例"中涉及未报告控制变量回归结果的部分内容，完整回归结果如下：

（一）第七章第三节"二、稳健性检验"中"表7-4 安慰剂检验结果""表7-6 倾向得分匹配后差分估计结果"和"表7-7 稳健性检验"未报告控制变量回归结果。完整回归结果如附表2-1、附表2-2和附表2-3所示。

附表 2-1　安慰剂检验结果

变量	（1）	（2）	（3）	（4）
	COD_{Mn}	NH_3N	COD_{Mn}	NH_3N
	政策提前 2 年		政策提前 3 年	
$Policy×border$	−0.009	−0.194	0.071	−0.169
	（0.287）	（0.142）	（0.291）	（0.145）
$pgdp$	0.542	0.549***	0.559	0.550***
	（0.394）	（0.206）	（0.392）	（0.205）
$industry$	−2.728*	−2.331***	−2.747*	−2.342***
	（1.590）	（0.746）	（1.586）	（0.745）
$population$	0.184***	0.062*	0.183***	0.062*
	（0.0581）	（0.033）	（0.058）	（0.033）
$competition$	0.269***	0.090**	0.269***	0.090**
	（0.099）	（0.039）	（0.099）	（0.039）
$area\_land$	0.082	0.016	0.083	0.015
	（0.137）	（0.056）	（0.137）	（0.056）
$temperature$	0.518**	0.258***	0.520**	0.259***
	（0.254）	（0.090）	（0.253）	（0.090）
$precipitation$	−0.265	−0.159	−0.265	−0.166
	（0.343）	（0.157）	（0.346）	（0.158）
常数项	−3.106	−2.264	−3.138	−2.272
	（3.795）	（1.394）	（3.789）	（1.391）
年份固定效应	YES	YES	YES	YES
地区固定效应	YES	YES	YES	YES

续表

变量	(1)	(2)	(3)	(4)
	COD_{Mn}	NH_3N	COD_{Mn}	NH_3N
	政策提前2年		政策提前3年	
水系固定效应	YES	YES	YES	YES
观测值	945	945	945	945
R^2	0.393	0.334	0.393	0.334

附表2-2 倾向得分匹配后差分估计结果

变量	(1)	(2)	(3)	(4)
	COD_{Mn}		NH_3N	
Policy×border	-0.589*	-0.778**	-0.379***	-0.446***
	(0.314)	(0.312)	(0.138)	(0.141)
border	2.030***	2.327***	0.557***	0.792***
	(0.530)	(0.608)	(0.195)	(0.211)
pgdp	-0.295	0.469	0.320	0.555**
	(0.420)	(0.441)	(0.202)	(0.223)
industry	0.205	-1.691	-1.350**	-2.124***
	(1.345)	(1.538)	(0.594)	(0.732)
population	0.270***	0.186***	0.093***	0.062*
	(0.049)	(0.061)	(0.028)	(0.034)
competition	0.206**	0.165*	0.076*	0.052
	(0.095)	(0.094)	(0.040)	(0.036)
area_land	0.211*	0.244	0.081**	0.070
	(0.109)	(0.153)	(0.040)	(0.059)
temperature	0.411*	0.583**	0.222**	0.281***
	(0.248)	(0.257)	(0.090)	(0.091)
precipitation	-0.937**	-0.218	-0.398**	-0.122
	(0.371)	(0.356)	(0.168)	(0.162)
常数项	-3.331	-5.443	-2.374*	-3.042**
	(3.948)	(4.066)	(1.412)	(1.454)

变量	（1）	（2）	（3）	（4）
	COD_{Mn}		NH_3N	
时间固定效应	YES	YES	YES	YES
地区固定效应	YES	YES	YES	YES
水系固定效应	NO	YES	NO	YES
观测值	915	915	915	915
R^2	0.374	0.413	0.301	0.347

附表 2-3　稳健性检验

变量	（1）	（2）	（3）	（4）
	$Quality$		COD_{Mn}	NH_3N
	更换被解释变量		周数据样本	
$Policy×border$	−0.194**	−0.192**	−0.686***	−0.421***
	（0.085）	（0.096）	（0.063）	（0.030）
$border$		−0.788***	2.268***	0.775***
		（0.254）	（0.111）	（0.041）
$pgdp$		0.503*	0.381***	0.511***
		（0.259）	（0.087）	（0.043）
$industry$		0.300	−1.722***	−2.154***
		（0.503）	（0.309）	（0.149）
$population$		−0.089	0.213***	0.067***
		（0.078）	（0.012）	（0.007）
$competition$		0.006	0.190***	0.063***
		（0.014）	（0.019）	（0.007）
$area\_land$		−0.301***	0.290***	0.073***
		（0.081）	（0.035）	（0.013）
$temperature$		−0.059	0.551***	0.259***
		（0.046）	（0.048）	（0.018）
$precipitation$		0.030	−0.233***	−0.116***
		（0.082）	（0.073）	（0.038）

续表

变量	(1)	(2)	(3)	(4)
	Quality		COD_{Mn}	NH_3N
	更换被解释变量		周数据样本	
常数项	2.930***	4.678***	−5.213***	−2.758***
	(0.021)	(0.854)	(0.788)	(0.312)
年份固定效应	YES	YES	YES	YES
地区固定效应	YES	YES	YES	YES
水系固定效应	YES	YES	YES	YES
观测值	944	944	38,583	38,746
R^2	0.798	0.805	0.280	0.224

（二）第七章第三节"三、内生性处理""表 7-8 工具变量估计结果"未报告控制变量回归结果。完整回归结果如附表 2-4 所示。

附表 2-4　工具变量估计结果

变量	(1)	(2)
	COD_{Mn}	NH_3N
Policy×border	−2.117***	−0.837**
	(0.638)	(0.345)
border	0.433	−0.385
	(0.429)	(0.538)
pgdp	2.636***	1.577***
	(0.901)	(0.485)
industry	3.489	−0.988
	(2.302)	(0.869)
population	0.027	−0.174
	(0.242)	(0.141)
competition	−0.041	−0.007
	(0.084)	(0.028)

变量	（1）	（2）
	COD_{Mn}	NH_3N
area_land	−0.324	−0.375***
	（0.243）	（0.126）
temperature	−0.339	−0.007
	（0.231）	（0.077）
precipitation	0.321	0.103
	（0.299）	（0.140）
常数项	7.064	2.193
	（4.484）	（1.705）
时间固定效应	YES	YES
地区固定效应	YES	YES
水系固定效应	YES	YES
观测值	945	945
R^2	0.649	0.582

（三）第七章第四节"四、影响机制检验""表7-9 影响机制检验"未报告控制变量回归结果。完整回归结果如附表2-5所示。

附表2-5　影响机制检验

变量	（1）	（2）	（3）
	ER		
Policy×border	−0.023	−0.338***	−0.216*
	（0.046）	（0.129）	（0.119）
border	−0.315***	−0.085**	0.244***
	（0.058）	（0.040）	（0.066）
pgdp	−0.257***	−0.671***	−0.205*
	（0.076）	（0.132）	（0.116）
industry	1.343***	0.797**	0.173
	（0.298）	（0.367）	（0.430）

续表

变量	（1）	（2）	（3）
	ER		
population	−0.017	0.059***	0.036**
	(0.011)	(0.017)	(0.016)
competition	0.096***	−0.021	−0.016
	(0.035)	(0.023)	(0.016)
常数项	−0.265	0.015	0.213
	(0.202)	(0.245)	(0.251)
时间固定效应	NO	YES	YES
地区固定效应	NO	NO	YES
观测值	770	770	770
R^2	0.058	0.095	0.383

（四）第七章第四节"五、拓展性讨论"，"表7-10 省域经济发展水平异质性""表7-11 河长制推行类型异质性""表7-12 河长制对经济发展的影响"和"表7-13 河长制经济影响的动态效应"未报告控制变量回归结果。完整回归结果如附表2-6、附表2-7、附表2-8和附表2-9所示。

附表 2-6 省域经济发展水平异质性

变量	（1）	（2）	（3）	（4）	（5）	（6）
	COD_{Mn}	NH_3N	COD_{Mn}	NH_3N	COD_{Mn}	NH_3N
	经济发展水平滞后省		经济发展水平领先省		三维交互项	
Policy×border	0.127	0.090	−1.870**	−1.166***	−0.034	−0.018
	(0.373)	(0.157)	(0.782)	(0.383)	(0.296)	(0.119)
Policy×border× Le_eco					−0.998**	−0.450***
					(0.444)	(0.161)
border	0.660	−0.480	0.061	−0.139	0.235	−0.452
	(0.448)	(1.044)	(0.930)	(0.330)	(0.390)	(0.557)
pgdp	2.170	0.823	5.385***	2.901***	3.047***	1.717***
	(1.557)	(0.872)	(1.965)	(1.084)	(0.893)	(0.514)

续表

变量	（1）	（2）	（3）	（4）	（5）	（6）
	COD_{Mn}	NH_3N	COD_{Mn}	NH_3N	COD_{Mn}	NH_3N
	经济发展水平滞后省		经济发展水平领先省		三维交互项	
industry	0.740	0.448	13.71	4.717	3.259	−1.029
	(2.266)	(0.928)	(10.64)	(4.969)	(2.439)	(0.920)
population	−0.073	−0.070	−1.348*	−0.824*	−0.151	−0.236*
	(0.375)	(0.185)	(0.696)	(0.439)	(0.243)	(0.139)
competition	−0.101	0.004	0.171	−0.001	−0.028	−0.003
	(0.142)	(0.030)	(0.164)	(0.081)	(0.086)	(0.032)
area_land	−0.469	−0.273*	−1.843	−1.739	−0.528**	−0.446***
	(0.309)	(0.154)	(3.254)	(2.059)	(0.242)	(0.123)
temperature	−0.845	0.031	0.073	−0.131	−0.323	−0.001
	(0.541)	(0.125)	(0.269)	(0.122)	(0.241)	(0.080)
precipitation	0.012	0.018	0.500	0.231	0.180	0.055
	(0.572)	(0.226)	(0.507)	(0.251)	(0.305)	(0.139)
常数项	14.75**	0.956	3.976	6.849	7.881**	2.804*
	(7.065)	(2.308)	(8.678)	(5.119)	(3.919)	(1.492)
时间固定效应	YES	YES	YES	YES	YES	YES
地区固定效应	YES	YES	YES	YES	YES	YES
水系固定效应	YES	YES	YES	YES	YES	YES
观测值	501	501	435	435	945	945
R^2	0.634	0.617	0.726	0.666	0.654	0.586

附表2-7　河长制推行类型异质性

变量	（1）	（2）	（3）	（4）	（5）	（6）
	COD_{Mn}	NH_3N	COD_{Mn}	NH_3N	COD_{Mn}	NH_3N
	市先省后		省先市后		三维交互项	
Policy×border	0.303	0.212	−0.794*	−0.387**	0.416	0.450***
	(0.590)	(0.141)	(0.410)	(0.179)	(0.447)	(0.142)
Policy×border×Le_eco					−1.277**	−0.860***
					(0.587)	(0.208)

续表

变量	(1)	(2)	(3)	(4)	(5)	(6)
	COD_{Mn}	NH_3N	COD_{Mn}	NH_3N	COD_{Mn}	NH_3N
	市先省后		省先市后		三维交互项	
border	—	—	0.192	−0.467	0.204	−0.462
			(0.410)	(0.554)	(0.384)	(0.554)
pgdp	1.474	0.551	3.987***	2.238***	3.167***	1.775***
	(1.233)	(0.422)	(1.168)	(0.723)	(0.898)	(0.513)
industry	9.801	0.394	1.064	−1.369	2.805	−1.230
	(7.070)	(0.794)	(2.319)	(1.094)	(2.422)	(0.922)
population	−0.857	−0.279	0.011	−0.175	−0.163	−0.240*
	(0.879)	(0.212)	(0.298)	(0.154)	(0.240)	(0.136)
competition	0.040	−0.008	−0.059	0.021	−0.017	0.001
	(0.065)	(0.011)	(0.146)	(0.053)	(0.086)	(0.032)
area_land	−9.659	−0.511	−0.457*	−0.414***	−0.552**	−0.456***
	(6.726)	(1.772)	(0.267)	(0.132)	(0.239)	(0.121)
temperature	−0.143	−0.021	−0.453	−0.008	−0.322	0.002
	(0.184)	(0.048)	(0.328)	(0.107)	(0.241)	(0.080)
precipitation	−0.077	−0.030	0.300	0.112	0.175	0.058
	(0.315)	(0.088)	(0.384)	(0.177)	(0.305)	(0.140)
常数项	20.30	2.275	9.995**	2.719	8.099**	2.853*
	(16.76)	(4.140)	(5.043)	(1.935)	(3.912)	(1.483)
时间固定效应	YES	YES	YES	YES	YES	YES
地区固定效应	YES	YES	YES	YES	YES	YES
水系固定效应	YES	YES	YES	YES	YES	YES
观测值	223	223	722	722	945	945
R^2	0.742	0.595	0.648	0.582	0.654	0.586

附表2-8　河长制对经济发展的影响

变量	(1)	(2)	(3)	(4)
	人均 GDP 增长率			
Policy	0.016**	0.017**	0.016**	0.008
	(0.007)	(0.007)	(0.008)	(0.009)

变量	（1）	（2）	（3）	（4）
	人均 GDP 增长率			
Policy×border				0.025 **
				（0.013）
border				−0.022
				（0.020）
industry		0.331 ***	0.321 **	0.312 ***
		（0.087）	（0.130）	（0.088）
population		0.015	0.053 **	0.013
		（0.014）	（0.026）	（0.014）
competition		−0.005 **	−0.002	−0.005 **
		（0.002）	（0.002）	（0.002）
area_land		0.023 **	0.175 *	0.020 *
		（0.011）	（0.094）	（0.011）
常数项	0.100 ***	−0.149 *	−0.539 **	−0.120
	（0.003）	（0.090）	（0.266）	（0.091）
时间固定效应	YES	YES	YES	YES
地区固定效应	YES	YES	YES	YES
观测值	770	770	266	770
R^2	0.665	0.692	0.734	0.695

附表 2-9　河长制经济影响的动态效应

变量	（1）	（2）
	人均 GDP 增长率	
$Policy^{当年}$	0.011	0.014
	（0.008）	（0.009）
$Policy^{第1年}$	0.001	−0.005
	（0.012）	（0.014）
$Policy^{第2年}$	0.043 ***	0.071 ***
	（0.014）	（0.017）
$Policy^{第3年}$	0.055 ***	0.061 **
	（0.015）	（0.025）

续表

变量	(1)	(2)
	人均 GDP 增长率	
$Policy^{第4年}$	0.037 ***	0.038 ***
	(0.012)	(0.014)
$Policy^{第5年及以上}$	0.015	0.049 ***
	(0.022)	(0.016)
industry	0.328 ***	0.322 ***
	(0.085)	(0.119)
population	0.012	0.038
	(0.014)	(0.026)
competition	−0.005 *	−0.001
	(0.003)	(0.002)
area_land	0.020 *	0.120
	(0.011)	(0.088)
常数项	−0.131	−0.400
	(0.091)	(0.255)
时间固定效应	YES	YES
地区固定效应	YES	YES
观测值	770	266
R^2	0.702	0.771

参考文献

［1］国家统计局．波澜壮阔四十载民族复兴展新篇——改革开放 40 年经济社会发展成就系列报告之一 ［EB/OL］. http：//www. stats. gov. cn/ztjc/ztfx/ggkf40n/201808/t20180827_1619235. html.

［2］逯元堂，吴舜泽，陈鹏，等．环境保护事权与支出责任划分研究［J］. 中国人口·资源与环境，2014，24（S3）：91-96.

［3］宋晓聪，沈鹏，赵慈，等 . 2021～2035 年我国水污染防治战略路径研究［J］. 环境保护，2021，49（10）：40-44.

［4］曾文慧．越界水污染规制［M］. 上海：复旦大学出版社，2007.

［5］李正升．从行政分割到协同治理：我国流域水污染治理机制创新［J］. 学术探索，2014（9）：57-61.

［6］璩爱玉，董战峰，彭忱，等．"十四五"时期京津冀地区水环境管理体制改革研究［J］. 环境保护，2021，49（15）：12-16.

［7］董战峰，葛察忠，贾真，等．国家"十四五"生态环境政策改革重点与创新路径研究［J］. 生态经济，2020，36（8）：13-19.

［8］环境科学大辞典编委会．环境科学大辞典（修订版）［M］. 北京：中国环境科学出版社，2008：634.

［9］GB/T 50095 水文基本术语和符号标准［S］. 2014.

［10］中华人民共和国水污染防治法［S］.2017.

［11］陈至立.辞海（第七版）［M］.上海：上海辞书出版社，2020：5400.

［12］中国社会科学院语言研究所词典编辑室.现代汉语词典［M］.北京：商务印书馆，2016：1605.

［13］中国社会科学院语言研究所词典编辑室.现代汉语词典［M］.北京：商务印书馆，2016：756.

［14］曾文慧.越界水污染规制：对中国跨行政区流域污染的考察［M］.上海：复旦大学出版社，2007：68-69.

［15］MERRILL T W. Golden Rules for Transboundary Pollution ［J］. Duke Law Journal, 1997, 46 (5)：931-1019.

［16］俞可平.治理与善治［M］.北京：社会科学文献出版社，2000：4-5.

［17］ANSELL C, GASH A. Collaborative Governance in Theory and Practice ［J］. Journal of Public Administration Research and Theory, 2008, 18 (4)：543-571.

［18］EMERSON K, NABATCHI T, BALOGH S. An Integrative Framework for Collaborative Governance ［J］. Journal of Public Administration Research and Theory, 2012, 22 (1)：1-29.

［19］［美］赫尔曼·哈肯.高等协同学［M］.郭治安译.北京：科学出版社，1989：1.

［20］何水.协同治理及其在中国的实现——基于社会资本理论的分析［J］.西南大学学报（社会科学版），2008 (3)：102-106.

［21］肖文涛，郑巧.协同治理：服务型政府的治道逻辑［J］.中国行政管理，2008，7：48-53.

［22］单学鹏.中国语境下的"协同治理"概念有什么不同？——基于概念史的考察［J］.公共管理评论，2021，3 (1)：5-24.

［23］田培杰.协同治理概念考辨［J］.上海大学学报（社会科学版），

2014, 31（1）：124-140.

［24］张贤明，田玉麒. 论协同治理的内涵、价值及发展趋向 ［J］. 湖北社会科学，2016（1）：30-37.

［25］田玉麒. 协同治理的运作逻辑与实践路径研究 ［D］. 吉林：吉林大学，2017.

［26］STEWART R B. Pyramids of Sacrifice Problems of Federalism in Mandating State Implementation of National Environmental Policy ［J］. The Yale Law Journal, 1977, 86（6）：1196-1272.

［27］GORDON R H. An Optimal Taxation Approach to Fiscal Federalism ［J］. Quarterly Journal of Economics, 1983, 98（4）：567-586.

［28］OATES W E. The Arsenic Rule：A Case for Decentralized Standard Setting? ［J］. Resources, 2002（147）：16-18.

［29］SILVANA D. Decentralization and the Environment ［J］. Department of Economics and Statistics Cognetti de Martiis, 2006, 273（4）：682-694.

［30］BERT S, DENISE V R. Environmental Policy in a Federal State—A Regional CGE Analysis of the NEC Directive in Belgium ［J］. SSRN Electronic Journal, 2007, 48（6）：681-685.

［31］OGAWA H, WILDASIN D E. Think Locally, Act Locally：Spillovers, Spillbacks, and Efficient Decentralized Policymaking ［J］. American Economic Review, 2009, 99（4）：1206-1217.

［32］FREDRIKSSON P G, MILLIMET D L. Strategic Interaction and the Determination of Environmental Policy across U. S. States ［J］. Journal of Urban Economics, 2002, 51（1）：101-122.

［33］FREDRIKSSON P G, MILLIMET D L. Is There a "California Effect" in US Environmental Policymaking ［J］. Regional Science and Urban Economics, 2002, 32（6）：737-764.

［34］LEVINSON A. Environmental Regulatory Competition：A Status Report and Some New Evidence ［J］. National Tax Journal, 2003, 56（1）：91-106.

［35］MILLIMET D L. Assessing the Empirical Impact of Environmental Federalism ［J］. Journal of Regional Science, 2003, 4（43）：711-733.

［36］WOODS N D. Interstate Competition and Environmental Regulation：A Test of the Race-to-the-Bottom Thesis ［J］. Social Science Quarterly, 2006, 87（1）：174-189.

［37］KONISKY D M. Regulatory Competition and Environmental Enforcement：Is There a Race to the Bottom? ［J］. American Journal of Political Science, 2007, 51（4）：853-872.

［38］SOMMERER K, THOMAS H. "Race to the Bottom" or "Race to Brussels"? Environmental Competition in Europe ［J］. Journal of Common Market Studies, 2011, 49（2）：315-339.

［39］SJÖBERG E, XU J. An Empirical Study of US Environmental Federalism：RCRA Enforcement from 1998 to 2011 ［J］. Ecological Economics, 2018, 147：253-263.

［40］杨海生，陈少凌，周永章. 地方政府竞争与环境政策——来自中国省份数据的证据 ［J］. 南方经济, 2008（6）：15-30.

［41］李胜兰，初善冰，申晨. 地方政府竞争、环境规制与区域生态效率 ［J］. 世界经济, 2014, 37（4）：88-110.

［42］张华. "绿色悖论"之谜：地方政府竞争视角的解读 ［J］. 财经研究, 2014, 40（12）：114-127.

［43］王宇澄. 基于空间面板模型的我国地方政府环境规制竞争研究 ［J］. 管理评论, 2015, 27（8）：23-32.

［44］韩超，张伟广，单双. 规制治理、公众诉求与环境污染——基于地区间环境治理策略互动的经验分析 ［J］. 财贸经济, 2016（9）：144-161.

［45］张文彬，张理芃，张可云．中国环境规制强度省际竞争形态及其演变——基于两区制空间 Durbin 固定效应模型的分析［J］．管理世界，2010（12）：34-44.

［46］张华．地区间环境规制的策略互动研究——对环境规制非完全执行普遍性的解释［J］．中国工业经济，2016（7）：74-90.

［47］陆立军，陈丹波．地方政府间环境规制策略的污染治理效应：机制与实证［J］．财经论丛，2019（12）：104-113.

［48］张振波．从逐底竞争到策略性模仿——绩效考核生态化如何影响地方政府环境治理的竞争策略？［J］．公共行政评论，2020，13（6）：114-131.

［49］赵霄伟．地方政府间环境规制竞争策略及其地区增长效应——来自地级市以上城市面板的经验数据［J］．财贸经济，2014（10）：105-113.

［50］蒋勇．环境规制、环境规制竞争与就业——基于省际空间杜宾模型的分析［J］．贵州财经大学学报，2017（5）：79-89.

［51］李力，孙军卫，蒋晶晶．评估中国各省对环境规制策略互动的敏感性［J］．中国人口·资源与环境，2021，31（7）：49-62.

［52］宋德勇，蔡星．地区间环境规制的空间策略互动——基于地级市层面的实证研究［J］．工业技术经济，2018，37（7）：112-118.

［53］刘帅，杨刚强．环境规制竞争与污染治理［J］．首都经济贸易大学学报，2019，21（2）：72-81.

［54］SIGMAN H. International Spillovers and Water Quality in Rivers：Do Countries Free Ride？［J］．American Economic Review，2002，92（4）：1152-1159.

［55］GRAY W，SHADBEGIAN R. "Optimal" Pollution Abatement——Whose Benefits Matter，and How Much？［J］．Journal of Environmental Economics and Management，2004，47（3）：510-534.

［56］SIGMAN H. Transboundary Spillovers and Decentralization of Environmental Policies［J］．Journal of Environmental Economics and Management，2005，

50 (1)：82-101.

［57］LIPSCOMB M，MOBARAK A M. Decentralization and Pollution Spillovers：Evidence from the Re-drawing of County Borders in Brazil ［J］. The Review of Economic Studies，2017，84 (1)：464-502.

［58］李静，陶璐，杨娜. 淮河流域污染的"行政边界效应"与新环境政策影响 ［J］. 中国软科学，2015 (6)：91-102.

［59］KAHN M E，LI P，ZHAO D. Water Pollution Progress at Borders：The Role of Changes in China's Political Promotion Incentives ［J］. American Economic Journal：Economic Policy，2015，7 (4)：223-242.

［60］CAI H，CHEN Y，GONG Q. Polluting thy neighbor：Unintended Consequences of China's Pollution Reduction Mandates ［J］. Journal of Environmental Economics and Management，2016，76：86-104.

［61］SHEN M，YANG Y. The Water Pollution Policy Regime Shift and Boundary Pollution：Evidence from the Change of Water Pollution Levels in China ［J］. Sustainability，2017，9 (8)：1469.

［62］宋德勇，张麒. 环境分权与经济竞争背景下河流跨界污染的县域证据 ［J］. 中国人口·资源与环境，2018，28 (8)：68-78.

［63］DINAR A，KEMPER K，BLOMQUIST W，et al. Whitewater：Decentralization of River Basin Water Resource Management ［J］. Journal of Policy Modeling，2007，29 (6)：851-867.

［64］SIGMAN H. Decentralization and Environmental Quality：An International Analysis of Water Pollution Levels and Variation ［J］. Land Economics，2014，90 (1)：114-130.

［65］LOVO S. Effect of Environmental Decentralization on Polluting Firms in India ［J］. Economic Development and Cultural Change，2018，67 (1)：55-94.

［66］GHOSAL V，STEPHAN A，WEISS J F. Decentralized Environmental

Regulations and Plant-Level Productivity [J]. Business Strategy and the Environment, 2019, 28 (6): 998-1011.

[67] ZHANG Q, YANG L, SONG D. Environmental Effect of Decentralization on Water Quality Near the Border of Cities: Evidence from China's Province-Managing-County Reform [J]. Science of the Total Environment, 2020, 708: 135154.

[68] 韩文静, 张正峰. 中国农村妇女土地权益维护困境及协同治理模式探究 [J]. 中国土地科学, 2019, 33 (3): 34-41.

[69] 张捷, 陆渊. 共享经济背景下社会养老服务协同治理模式研究 [J]. 河海大学学报 (哲学社会科学版), 2019, 21 (1): 79-86.

[70] 王静, 宋迎法, 李新春, 等. 基于 SFIC 理论的智慧图书馆建设过程中协同治理模式研究 [J]. 图书馆学研究, 2019 (13): 20-23.

[71] OECD. Government Coherence: The Role of the Centre of Government [R]. Public Management Service/Public Management Committee (PUMA/MPM), 2000.

[72] 周志忍, 蒋敏娟. 中国政府跨部门协同机制探析——一个叙事与诊断框架 [J]. 公共行政评论, 2013, 6 (1): 91-117.

[73] 吴建南, 刘仟仟, 陈子韬, 等. 中国区域大气污染协同治理机制何以奏效? 来自长三角的经验 [J]. 中国行政管理, 2020 (5): 32-39.

[74] 魏娜, 孟庆国. 大气污染跨域协同治理的机制考察与制度逻辑——基于京津冀的协同实践 [J]. 中国软科学, 2018 (10): 79-92.

[75] 陆远权, 蔡文波. 产业扶贫的多方协同治理研究——以重庆市 X 县为例 [J]. 重庆社会科学, 2020 (1): 17-27.

[76] 刘天佐, 廖湘莲. 消费扶贫协同治理研究——基于"制度—结构—过程"分析框架 [J]. 世界农业, 2021 (3): 46-58.

[77] 易志斌, 马晓明. 论流域跨界水污染的府际合作治理机制 [J]. 社会科学, 2009 (3): 20-25.

[78] 田志华，田艳芳．环境污染与环境冲突——基于省际空间面板数据的研究 [J]．科学决策，2014（6）：28-42．

[79] 王俊敏，沈菊琴．跨域水环境流域政府协同治理：理论框架与实现机制 [J]．江海学刊，2016（5）：214-219．

[80] 朱德米．构建流域水污染防治的跨部门合作机制——以太湖流域为例 [J]．中国行政管理，2009（4）：86-91．

[81] 杨宏山．构建政府主导型水环境综合治理机制——以云南滇池治理为例 [J]．中国行政管理，2012（3）：13-16．

[82] 朱喜群．生态治理的多元协同：太湖流域个案 [J]．改革，2017（2）：96-107．

[83] 陈雯，王珏，孙伟．基于成本—收益的长三角地方政府的区域合作行为机制案例分析 [J]．地理学报，2019，74（2）：312-322．

[84] 韩兆柱，任亮．京津冀跨界河流污染治理府际合作模式研究——以整体性治理为视角 [J]．河北学刊，2020，40（4）：155-161．

[85] LUBELL M. Collaborative Watershed Management：A View from the Grassroots [J]. Policy Studies Journal, 2004a, 32 (3)：341-361.

[86] FLIERVOET J M, GEERLING G W, MOSTERT E, et al. Analyzing Collaborative Governance Through Social Network Analysis：A Case Study of River Management along the Waal River in the Netherlands [J]. Environmental Management, 2016, 57 (2)：355-367.

[87] BRISBOIS M C, MORRIS M, de LOË R. Augmenting the IAD Framework to Reveal Power in Collaborative Governance—An Illustrative Application to Resource Industry Dominated Processes [J]. World Development, 2019, 120：159-168.

[88] BAUDOIN L, GITTINS J R. The Ecological Outcomes of Collaborative Governance in Large River Basins：Who is in the Room and Does it Matter? [J].

Journal of Environmental Management, 2021, 281: 111836.

［89］王绍光, 胡鞍钢. 中国国家能力报告［M］. 沈阳: 辽宁人民出版社, 1993.

［90］李胜, 陈晓春. 基于府际博弈的跨行政区流域水污染治理困境分析［J］. 中国人口·资源与环境, 2011, 21 (12): 104-109.

［91］徐大伟, 涂少云, 常亮, 等. 基于演化博弈的流域生态补偿利益冲突分析［J］. 中国人口·资源与环境, 2012, 22 (2): 8-14.

［92］吴瑞明, 胡代平, 沈惠璋. 流域污染治理中的演化博弈稳定性分析［J］. 系统管理学报, 2013, 22 (6): 797-801.

［93］FERNANDEZ L. Transboundary Water Institutions in Action［J］. Water Resources and Economics, 2013, 1: 20-35.

［94］李正升, 王俊程. 基于政府间博弈竞争的越界流域水污染治理困境分析［J］. 科学决策, 2014 (12): 67-76.

［95］牛文娟, 王慧敏, 牛富. 跨界水资源冲突中地方保护主义行为的演化博弈分析［J］. 管理工程学报, 2014, 28 (2): 64-72.

［96］徐志伟, 刘欢. 河流污染协同治理行为及相关福利分析——基于不同经济空间结构的视角［J］. 河北经贸大学学报, 2015, 36 (4): 108-113.

［97］SHI G, WANG J, ZHANG B, et al. Pollution Control Costs of a Transboundary River Basin: Empirical Tests of the Fairness and Stability of Cost Allocation Mechanisms Using Game Theory［J］. Journal of Environmental Management, 2016, 177: 145-152.

［98］谭婉冰. 基于强互惠理论的湘江流域生态补偿演化博弈研究［J］. 湖南社会科学, 2018 (3): 158-165.

［99］LU S, WU X, SUN H, et al. The Multi-user Evolutionary Game Simulation in Water Quality-based Water Source System［J］. Environmental Geochemistry and Health, 2020, 42 (3): 863-879.

[100] LUCHNER J, RIEGELS N D, BAUER – GOTTWEIN P. Benefits of Cooperation in Transnational Water – Energy Systems [J]. Journal of Water Resources Planning & Management, 2019, 145 (5): 5019007.

[101] GAO X, SHEN J, HE W, et al. An Evolutionary Game Analysis of Governments' Decision-making Behaviors and Factors Influencing Watershed Ecological Compensation in China [J]. Journal of Environmental Management, 2019, 251: 109592.

[102] 任以胜, 陆林, 虞虎, 等. 尺度政治视角下的新安江流域生态补偿政府主体博弈 [J]. 地理学报, 2020, 75 (8): 1667-1679.

[103] 杨梦杰, 杨凯, 李根, 等. 博弈视角下跨界河流水资源保护协作机制——以太湖流域太浦河为例 [J]. 自然资源学报, 2019, 34 (6): 1232-1244.

[104] 徐松鹤, 韩传峰. 基于微分博弈的流域生态补偿机制研究 [J]. 中国管理科学, 2019, 27 (8): 199-207.

[105] HERZOG L, INGOLD K. Threats to Common–Pool Resources and the Importance of Forums: On the Emergence of Cooperation in CPR Problem Settings: Threats to Common – Pool Resources and the Importance of Forums [J]. Policy Studies Journal, 2019, 47 (1): 77-113.

[106] ZIA A A, DING S B, MESSER K D B, et al. Characterizing Heterogeneous Behavior of Non–Point–Source Polluters in a Spatial Game under Alternate Sensing and Incentive Designs [J]. Journal of Water Resources Planning and Management, 2020, 146 (8): 4020054.

[107] 王宏利, 董玟希, 周鹏. 跨省流域生态补偿长效机制研究——基于演化博弈的视角 [J]. 北京联合大学学报 (人文社会科学版), 2021, 19 (4): 76-85.

[108] SHENG J, WEBBER M. Incentive Coordination for Transboundary

Water Pollution Control: The Case of the Middle Route of China's South-North Water Transfer Project [J]. Journal of Hydrology, 2021, 598: 125705.

[109] CONNICK S, INNES J E. Outcomes of Collaborative Water Policy Making: Applying Complexity Thinking to Evaluation [J]. Journal of Environmental Planning and Management, 2003, 46 (2): 177-197.

[110] LUBELL M. Collaborative Environmental Institutions: All Talk and No Action? [J]. Journal of Policy Analysis and Management, 2004b, 23 (3): 549-573.

[111] BIDDLE J C, KOONTZ T M. Goal Specificity: A Proxy Measure for Improvements in Environmental Outcomes in Collaborative Governance [J]. Journal of Environmental Management, 2014, 145: 268-276.

[112] SCOTT T. Does Collaboration Make Any Difference? Linking Collaborative Governance to Environmental Outcomes [J]. Journal of Policy Analysis and Management, 2015, 34 (3): 537-566.

[113] ULIBARRI N. Tracing Process to Performance of Collaborative Governance: A Comparative Case Study of Federal Hydropower Licensing [J]. Policy Studies Journal, 2015, 43 (2): 283-308.

[114] 任敏. "河长制": 一个中国政府流域治理跨部门协同的样本研究 [J]. 北京行政学院学报, 2015 (3): 25-31.

[115] 李汉卿. 行政发包制下河长制的解构及组织困境: 以上海市为例 [J]. 中国行政管理, 2018 (11): 114-120.

[116] 沈亚平, 韩超然. 制度性集体行动视域下"河长制"协作机制研究——以天津市为例 [J]. 理论学刊, 2020 (6): 76-85.

[117] 熊烨, 赵群. 制度创新扩散中的组织退耦: 生成机理与类型比较——基于江苏省两个地级市河长制实践的考察 [J]. 甘肃行政学院学报, 2020 (5): 14-24.

[118] 朱德米. 中国水环境治理机制创新探索——河湖长制研究 [J].

南京社会科学，2020（1）：79-86.

[119] 吕志奎，蒋洋，石术. 制度激励与积极性治理体制建构——以河长制为例 [J]. 上海行政学院学报，2020，21（2）：46-54.

[120] 胡春艳，周付军，周新章. 河长制何以成功——基于 C 县的个案观察 [J]. 甘肃行政学院学报，2020（3）：19-28.

[121] XU X, WU F, ZHANG L, et al. Assessing the Effect of the Chinese River Chief Policy for Water Pollution Control under Uncertainty—Using Chaohu Lake as a Case [J]. International Journal of Environmental Research and Public Health, 2020, 17（9）：3103.

[122] TANG Y, ZHAO X, JIAO J. Ecological Security Assessment of Chaohu Lake Basin of China in the Context of River Chief System Reform [J]. Environmental Science and Pollution Research, 2020, 27（3）：2773-2785.

[123] LI W, ZHOU Y, DENG Z. The Effectiveness of "River Chief System" Policy：An Empirical Study Based on Environmental Monitoring Samples of China [J]. Water, 2021, 13（14）：1988.

[124] 马鹏超，朱玉春. 设立村级河长提升农村水环境治理绩效了吗？——基于倾向得分匹配（PSM）的反事实估计 [J]. 南京农业大学学报（社会科学版），2022，22（1）：149-159.

[125] 刘亦文，吴荆，蔡宏宇. 湘江流域"河长制"的生态环境治理效应研究 [J]. 软科学，2022，36（3）：75-82.

[126] 徐娟，马佳骏，邵帅，等. "河长制"能实现地方政府跨域间的协同治理吗——基于"碎片化治理"的视角 [J]. 南方经济，2022（4）：50-74.

[127] 肖建忠，赵豪. 河湖长制能否起到保护水资源的作用？——基于湖北省经验数据 [J]. 华中师范大学学报（自然科学版），2020，54（4）：596-603.

［128］LI J, SHI X, WU H, et al. Trade-off Between Economic Development and Environmental Governance in China: An Analysis Based on the Effect of River Chief System ［J］. China Economic Review, 2020, 60: 101403.

［129］沈坤荣，金刚. 中国地方政府环境治理的政策效应——基于"河长制"演进的研究 ［J］. 中国社会科学，2018（5）：92-115.

［130］SHE Y, LIU Y, JIANG L, et al. Is China's River Chief Policy Effective? Evidence from a Quasi-natural Experiment in the Yangtze River Economic Belt, China ［J］. Journal of Cleaner Production, 2019, 220: 919-930.

［131］王班班，莫琼辉，钱浩祺. 地方环境政策创新的扩散模式与实施效果——基于河长制政策扩散的微观实证 ［J］. 中国工业经济，2020（8）：99-117.

［132］ZHOU L, LI L, HUANG J. The River Chief System and Agricultural Non-point Source Water Pollution Control in China ［J］. Journal of Integrative Agriculture, 2021, 20 (5): 1382-1395.

［133］王力，孙中义. 河长制的环境与经济双重红利效应研究——基于长江经济带河长制政策实施的准自然实验 ［J］. 软科学，2020，34（11）：40-45.

［134］OUYANG J, ZHANG K, WEN B, et al. Top-Down and Bottom-Up Approaches to Environmental Governance in China: Evidence from the River Chief System（RCS）［J］. International Journal of Environmental Research and Public Health, 2020, 17 (19): 7058.

［135］戴梦雪，毛霞，屈彪. 环境治理、水污染与农业发展 ［J］. 农村经济，2021（7）：58-67.

［136］ZHOU Q, WANG Y, ZENG M, et al. Does China's River Chief Policy Improve Corporate Water Disclosure? A Quasi-natural Experimental ［J］. Journal of Cleaner Production, 2021, 311: 127707.

［137］田培杰．协同治理：理论研究框架与分析模型［D］．上海：上海交通大学，2013．

［138］张晋武，齐守印．公共物品概念定义的缺陷及其重新建构［J］．财政研究，2016（8）：2-13．

［139］大卫·休谟．人性论［M］．关文运译．北京：商务印书馆，2016：574-575．

［140］亚当·斯密．国民财富的性质和原因的研究（下）［M］．郭大力，王亚楠译．北京：商务印书馆，2017：263-293．

［141］SAMUELSON P A. The Pure Theory of Public Expenditure［J］. Review of Economics and Statistics，1954，36（4）：387-389．

［142］MUSGRAVE R A. The Theory of Public Finance［M］. New York：McGraw-Hill，1959．

［143］BUCHANAN J M. An Economic Theory of Clubs［J］. Economica，1965，32（125）：1-14．

［144］秦颖．论公共产品的本质——兼论公共产品理论的局限性［J］．经济学家，2006（3）：77-82．

［145］张琦．公共物品理论的分歧与融合［J］．经济学动态，2015（11）：147-158．

［146］HARDIN G. The Tragedy of the Commons［J］. Science，1968（162）：1243-1248．

［147］曼瑟尔·奥尔森．集体行动的逻辑［M］．陈郁，郭宇峰，李宗新译．上海：格致出版社，上海人民出版社，2014．

［148］王亚华，舒全峰．公共事务治理的集体行动研究评述与展望［J］．中国人口·资源与环境，2021，31（4）：118-131．

［149］OLSON M. The Logic of Collective Action：Public Goods and the Theory of Groups［M］. Cambridge，MA：Harvard University Press，1971：2．

［150］张振华.当奥尔森遇上奥斯特罗姆：集体行动理论的演化与发展 ［J］.人文杂志，2013（10）：113-121.

［151］［美］埃莉诺·奥斯特罗姆.公共事务的治理之道：集体行动制 度的演进［M］.余逊达，陈旭东译.上海：上海三联书店，2000：69.

［152］张振华."宏观"集体行动理论视野下的跨界流域合作——以漳 河为个案［J］.南开学报（哲学社会科学版），2014（2）：110-117.

［153］MADANI K. Game Theory and Water Resources ［J］. Journal of Hy- drology，2010，381（3-4）：225-238.

［154］NASH J F. Equilibrium Points in N-Person Games ［J］. Proceedings of the National Academy of Sciences of the United States of America，1950， 36（1）：48-49.

［155］ERIC R. Games and Information：An Introduction to Game Theory ［M］. State of New Jersey：Blackwell，1989：1.

［156］谢识予.经济博弈论［M］.上海：复旦大学出版社，2017：24.

［157］张维迎.博弈论与信息经济学［M］.上海：格致出版社，上海人 民出版社，2012：26.

［158］AXELROD R. The Emergence of Cooperation among Egoists ［J］. The American Political Science Review，1981，75（2）：306-318.

［159］KUCUKMEHMETOGLU M. An Integrative Case Study Approach Be- tween Game Theory and Pareto Frontier Concepts for the Transboundary Water Re- sources Allocations ［J］. Journal of Hydrology，2012（450-451）：308-319.

［160］CABO F，ERDLENBRUCH K，TIDBALL M. Dynamic Management of Water Transfer between Two Interconnected River Basins ［J］. Resource and Energy Economics，2014，37：17-38.

［161］徐嫣，宋世明.协同治理理论在中国的具体适用研究［J］.天津 社会科学，2016（2）：74-78.

［162］谢庆奎．中国政府的府际关系研究［J］．北京大学学报（哲学社会科学版），2000（1）：26-34.

［163］杨妍，孙涛．跨区域环境治理与地方政府合作机制研究［J］．中国行政管理，2009（1）：66-69.

［164］KOESKE G F，KOESKE R D. A Preliminary Test of a Stress-Strain-Outcome Model for Reconceptualizing the Burnout Phenomenon［J］. Journal of Social Service Research，1993，17（3-4）：107-135.

［165］刘超．环境法视角下河长制的法律机制建构思考［J］．环境保护，2017，45（9）：24-29.

［166］DUVIVIER C，XIONG H. Transboundary Pollution in China：A Study of the Location Choice of Polluting Firms in Hebei Province［J］. Environment and Development Economics，2013，18（4）：459-483.

［167］颜昌武，许丹敏．基层治理中的属地管理：守土有责还是甩锅推责？［J］．公共管理与政策评论，2021，10（2）：102-112.

［168］高涵，侯晓姝，璩爱玉，等．面向美丽中国目标的京津冀区域水生态环境管理思路［J］．环境保护，2021，49（15）：17-20.

［169］KRASNER S D. Structural Causes and Regime Consequences：Regimes as Intervening Variables［J］. International Organization，1982，36（2）：185-205.

［170］司林波，张锦超．跨行政区生态环境协同治理的动力机制、治理模式与实践情境——基于国家生态治理重点区域典型案例的比较分析［J］．青海社会科学，2021（4）：46-59.

［171］HUXHAM C，VANGEN S，HUXHAM C. The Challenge of Collaborative Governance［J］. Public Management Review，2000，2（3）：337-358.

［172］王金南，蒋春来，张文静．关于"十三五"污染物排放总量控制制度改革的思考［J］．环境保护，2015，43（21）：21-24.

［173］李强．河长制视域下环境分权的减排效应研究［J］．产业经济研究，2018（3）：53-63.

［174］熊烨．我国地方政策转移中的政策"再建构"研究——基于江苏省一个地级市河长制转移的扎根理论分析［J］．公共管理学报，2019，16（3）：131-144.

［175］吴建南，徐萌萌，马艺源．环保考核、公众参与和治理效果：来自31个省级行政区的证据［J］．中国行政管理，2016（9）：75-81.

［176］ZHANG B，CHEN X，GUO H. Does Central Supervision Enhance Local Environmental Enforcement？ Quasi－experimental Evidence from China ［J］. Journal of Public Economics，2018，164：70-90.

［177］胡春艳，刘丽蓉．环境污染事件中官员问责的结果差异研究［J］．东北大学学报（社会科学版），2019，21（3）：275-282.

［178］史玉成．流域水环境治理"河长制"模式的规范构建——基于法律和政治系统的双重视角［J］．现代法学，2018，40（6）：95-109.

［179］环保督察组批江西河长办考核走过场［EB/OL］．人民网．（2018-10-17），http：//legal. people. com. cn/n1/2018/1017/c42510-30346110. html.

［180］中央生态环保督察批吉林省水利厅河长制考核工作走过场［EB/OL］．法制网，http：//www. legaldaily. com. cn/index_ article/content/2019-05/14/content_7874463. htm.

［181］WANG Y，CHEN X. River Chief System as a Collaborative Water Governance Approach in China ［J］. International Journal of Water Resources Development，2020，36（4）：610-630.

［182］朱平芳，张征宇，姜国麟．FDI与环境规制：基于地方分权视角的实证研究［J］．经济研究，2011，46（6）：133-145.

［183］董直庆，王辉．环境规制的"本地—邻地"绿色技术进步效应［J］．中国工业经济，2019（1）：100-118.

[184] 沈坤荣，金刚，方娴．环境规制引起了污染就近转移吗？[J]．经济研究，2017，52（5）：44-59.

[185] 金刚，沈坤荣．以邻为壑还是以邻为伴？——环境规制执行互动与城市生产率增长[J]．管理世界，2018，34（12）：43-55.

[186] 陈诗一，陈登科．雾霾污染、政府治理与经济高质量发展[J]．经济研究，2018，53（2）：20-34.

[187] 李斌，詹凯云，胡志高．环境规制与就业真的能实现"双重红利"吗？——基于我国"两控区"政策的实证研究[J]．产业经济研究，2019（1）：113-126.

[188] 周浩，郑越．环境规制对产业转移的影响——来自新建制造业企业选址的证据[J]．南方经济，2015（4）：12-26.

[189] 王伊攀，何圆．环境规制、重污染企业迁移与协同治理效果——基于异地设立子公司的经验证据[J]．经济科学，2021（5）：130-145.

[190] CHEN Z, KAHN M E, LIU Y, et al. The Consequences of Spatially Differentiated Water Pollution Regulation in China [J]. Journal of Environmental Economics and Management, 2018, 88：468-485.

[191] 刘政文，唐啸．官员排名赛与环境政策执行——基于环境约束性指标绩效的实证研究[J]．技术经济，2017，36（8）：118-127.

[192] 韩国高，张超．财政分权和晋升激励对城市环境污染的影响——兼论绿色考核对我国环境治理的重要性[J]．城市问题，2018（2）：25-35.

[193] 张彩云，苏丹妮，卢玲，等．政绩考核与环境治理——基于地方政府间策略互动的视角[J]．财经研究，2018，44（5）：4-22.

[194] HOLMSTROM B, MILGROM P. Multitask Principal-Agent Analyses：Incentive Contracts, Asset Ownership, and Job Design [J]. Journal of Law Economics & Organization, 1991（7）：24-52.

[195] 赫伯特·金迪斯，等．演化博弈论：问题导向的策略互动模型

[M]．王新荣译．北京：中国人民大学出版社，2015．

[196] 胡震云，陈晨，王慧敏，等．水污染治理的微分博弈及策略研究[J]．中国人口·资源与环境，2014，24（5）：93-101．

[197] 蒋辉．跨域治理决策的动态演化路径与均衡策略研究——理论与现实层面的考察[J]．四川大学学报（哲学社会科学版），2012（6）：151-157．

[198] BRETON M，SBRAGIA L，ZACCOUR G．A Dynamic Model for International Environmental Agreements [J]．Environmental and Resource Economics，2010，45（1）：25-48．

[199] HUANG X，HE P，ZHANG W．A Cooperative Differential Game of Transboundary Industrial Pollution between Two Regions [J]．Journal of Cleaner Production，2016，120：43-52．

[200] MIAO Z，BALEŽENTIS T，SHAO S，et al．Energy Use，Industrial Soot and Vehicle Exhaust Pollution—China's Regional Air Pollution Recognition，Performance Decomposition and Governance [J]．Energy Economics，2019，83：501-514．

[201] 徐浩，谭德庆．区域合作污染控制及动态收益分配策略研究[J]．中国管理科学，2021，29（9）：65-76．

[202] 段蕾．新中国环保事业的起步：1970年代初官厅水库污染治理的历史考察[J]．河北学刊，2015，35（5）：61-65．

[203] 李永健．河长制：水治理体制的中国特色与经验[J]．重庆社会科学，2019（5）：51-62．

[204] 高家军．"河长制"可持续发展路径分析——基于史密斯政策执行模型的视角[J]．海南大学学报（人文社会科学版），2019，37（3）：39-48．

[205] 颜海娜，曾栋．河长制水环境治理创新的困境与反思——基于协同治理的视角[J]．北京行政学院学报，2019（2）：7-17．

[206] 周雪光，练宏．中国政府的治理模式：一个"控制权"理论

[J]. 社会学研究, 2012, 27 (5): 69-93.

[207] 蒋敏娟. 中国政府跨部门协同机制研究 [M]. 北京: 北京大学出版社, 2016: 65-75.

[208] 韩志明, 李春生. 责任是如何建构起来的——以 S 市河长制及其实施为例 [J]. 理论探讨, 2021 (1): 137-145.

[209] 四川省人民政府. 沱江 [EB/OL]. http://slt.sc.gov.cn/scsslt/hhjj/2021/8/30/fff22ffd4f2f4b218c8275f72936b90b.shtml.

[210] 四川省人民政府. 沱江水污染防治的四川答卷 [EB/OL]. http://www.sc.gov.cn/10462/c108657/2021/9/17/7ac52fcfc5f04961abd61e498835acb4.shtml.

[211] 姜晓亭, 付思文, 林佳丽, 薛文安. 沱江治理 2.0 时代, 需要什么样的政策体系?——关于完善沱江流域治理环境政策体系的建议 [J]. 中国生态文明, 2021 (5): 60-63.

[212] 中华人民共和国国务院新闻办公室. 中华人民共和国国务院新闻办公室新闻发布会相关报道 [EB/OL]. http://www.scio.gov.cn/xwfbh/xwbfbh/index.htm.

[213] 谢进, 施荔潇. "河长制" 哪里去了? [N]. 云南日报, 2021-05-11.

[214] 李静, 杨娜, 陶璐. 跨境河流污染的 "边界效应" 与减排政策效果研究——基于重点断面水质监测周数据的检验 [J]. 中国工业经济, 2015 (3): 31-43.

[215] WANG J, WEI Y D. Agglomeration, Environmental Policies and Surface Water Quality in China: A Study Based on a Quasi-Natural Experiment [J]. Sustainability (Basel, Switzerland), 2019, 11 (19): 5394.

[216] LI H, LU J. Can Regional Integration Control Transboundary Water Pollution? A Test from the Yangtze River Economic Belt [J]. Environmental Science

and Pollution Research，2020，27（22）：28288-28305.

[217] 赵阳，沈洪涛，刘乾．中国的边界污染治理——基于环保督查中心试点和微观企业排放的经验证据［J］.经济研究，2021，56（7）：113-126.

[218] 杨滨键，尚杰，于法稳．农业面源污染防治的难点、问题及对策［J］.中国生态农业学报（中英文），2019，27（2）：236-245.

[219] 贾小梅，于奇，王文懿，等．关于"十四五"农村生活污水治理的思考［J］.农业资源与环境学报，2020，37（5）：623-626.

[220] 金刚，沈坤荣．中国企业对"一带一路"沿线国家的交通投资效应：发展效应还是债务陷阱［J］.中国工业经济，2019（9）：79-97.

[221] 张俊，钟春平，彭飞．交通可达性的提高是否加剧了中国跨省河流污染？——来自中国工业企业的证据［J］.经济学（季刊），2020，19（2）：617-636.

[222] WANG Q，FU Q，SHI Z，et al. Transboundary Water Pollution and Promotion Incentives in China［J］. Journal of Cleaner Production，2020，261：121120.

[223] 钱勇．深入打好污染防治攻坚战 推动经济社会发展全面绿色转型［J］.中国环境监察，2021（11）：56-59.

[224] 胡中华．关于完善环境区域协同治理制度的思考［J］.法学论坛，2020，35（5）：29-37.